知っておきたい！
モノのしくみ

東京書籍

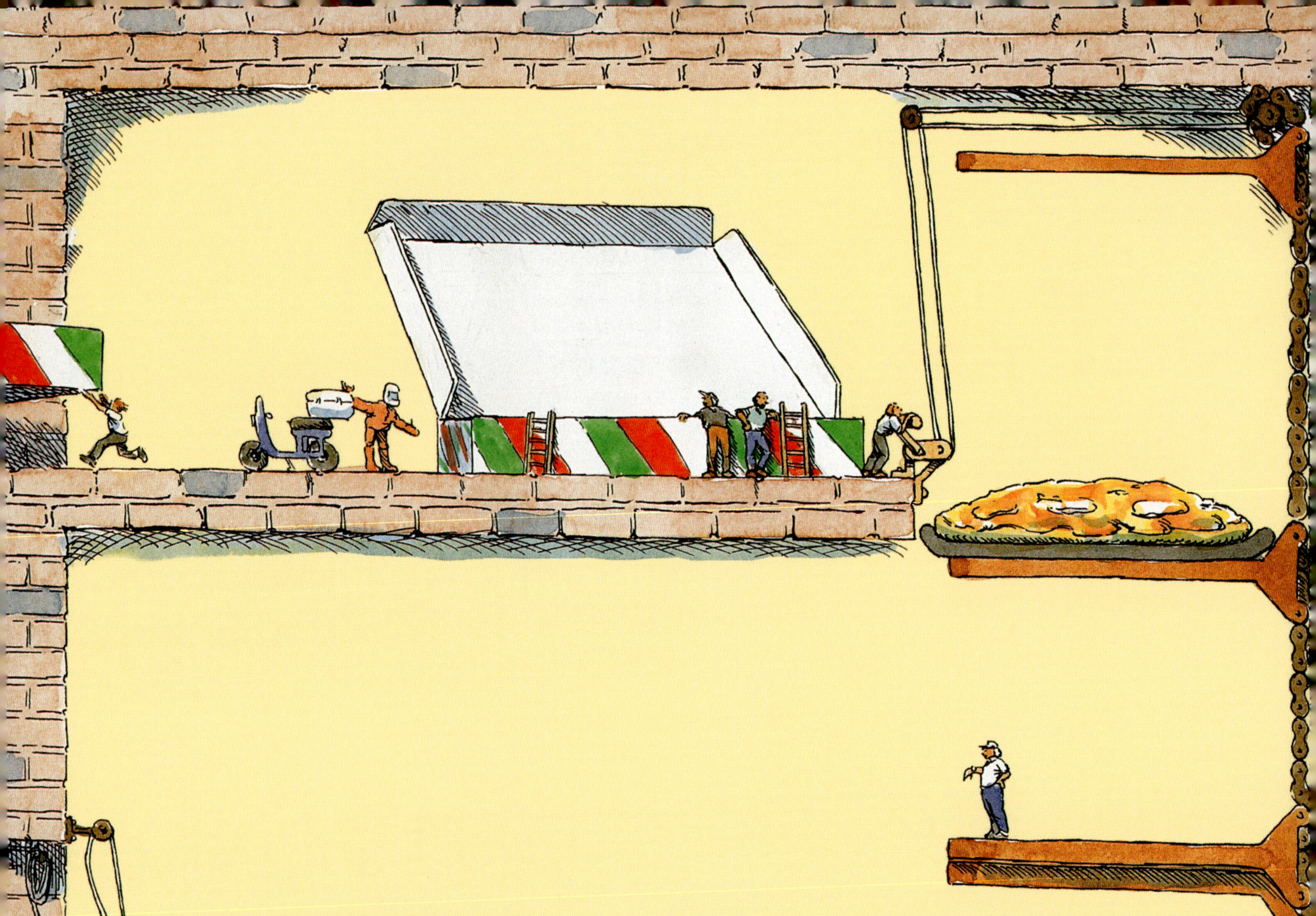

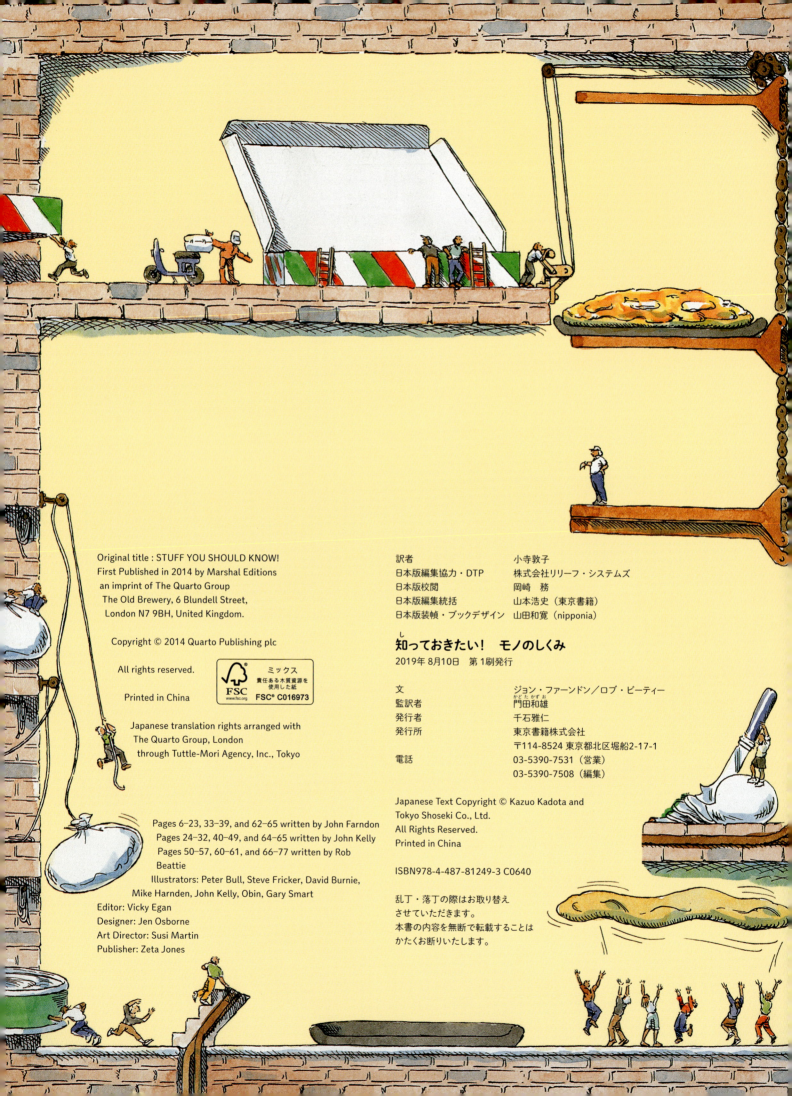

Original title : STUFF YOU SHOULD KNOW!
First Published in 2014 by Marshal Editions
an imprint of The Quarto Group
The Old Brewery, 6 Blundell Street,
London N7 9BH, United Kingdom.

ミックス
責任ある木質資源を使用した紙
FSC® C016973

Printed in China

Japanese translation rights arranged with
The Quarto Group, London
through Tuttle-Mori Agency, Inc., Tokyo

Pages 6–23, 33–39, and 62–65 written by John Farndon
Pages 24–32, 40–49, and 64–65 written by John Kelly
Pages 50–57, 60–61, and 66–77 written by Rob Beattie
Illustrators: Peter Bull, Steve Fricker, David Burnie, Mike Harnden, John Kelly, Obin, Gary Smart
Editor: Vicky Egan
Designer: Jen Osborne
Art Director: Susi Martin
Publisher: Zeta Jones

訳者　小寺敦子
日本版編集協力・DTP　株式会社リリーフ・システムズ
日本版校閲　岡崎　務
日本版編集統括　山本浩史（東京書籍）
日本版装幀・ブックデザイン　山田和寛（nipponia）

知《し》っておきたい！　モノのしくみ
2019年 8月10日　第 1刷発行

文　ジョン・ファーンドン／ロブ・ビーティー
監訳者　門《かど》田《た》和《かず》雄《お》
発行者　千石雅仁
発行所　東京書籍株式会社
〒114-8524 東京都北区堀船2-17-1
電話　03-5390-7531（営業）
03-5390-7508（編集）

Printed in China

ISBN978-4-487-81249-3 C0640

知っておきたい！
モノのしくみ

ジョン・ファーンドン　ロブ・ビーティー［文］
門田和雄［監訳］

もくじ

はじめに …… 6

電気《でんき》 …… 8

ガス …… 10

水《みず》 …… 12

下水《げすい》 …… 14

ごみ …… 16

手紙《てがみ》を送《おく》る …… 18

いっしょにたどろう 手紙《てがみ》の旅《たび》* …… 20

電子《でんし》レンジ …… 24

冷蔵庫《れいぞうこ》 …… 26

洗濯機《せんたくき》 …… 28

ポップアップ式《しき》トースター …… 30

フード・プロセッサー …… 32

ピザをつくる* …… 34

掃除機《そうじき》 …… 40

＊印《じるし》は観音開《かんのんびら》きのページ

ミシン 42

トイレのタンク 44

ヘアドライヤー 46

煙《けむり》感知器《かんちき》 48

携帯《けいたい》・スマートフォン* 50

ソーラーパネル 56

呼《よ》び鈴《りん》 58

3D《スリーディー》プリンター 60

天気予報《てんきよほう》 62

テレビ 64

ロケットと人工衛星《じんこうえいせい》 66

人工衛星《じんこうえいせい》を軌道《きどう》にのせる* 68

自動車《じどうしゃ》 72

ジェット機《き》 74

潜水艇《せんすいてい》 76

用語集《ようごしゅう》 78

さくいん 80

はじめに

今《いま》から200年前《ねんまえ》なら、家《いえ》にいて明《あ》かりや水《みず》や食《た》べ物《もの》がほしくなれば、自分《じぶん》で手《て》に入《い》れなければならなかった。でも今《いま》はちがう。スイッチひとつで明《あ》かりがつくし、蛇口《じゃぐち》（栓《せん》）をひねれば水《みず》が出《で》るし、電話《でんわ》1本《ぽん》でデリバリーのピザが届《とど》く。何《なに》もかも、ほんとにかんたん、らくちんだ！

ここにはきみの家《いえ》にもあるモノ、電化製品《でんかせいひん》・家電《かでん》がそろっている。でも、それはどんなしくみで動《うご》くか知《し》ってるかい？　さあ、小《ちい》さなツアーガイドたちに案内《あんない》してもらおう。

文中《ぶんちゅう》で太字《ふとじ》になっていることばは、くわしい解説《かいせつ》が用語集《ようごしゅう》（P78-79）にあるよ。

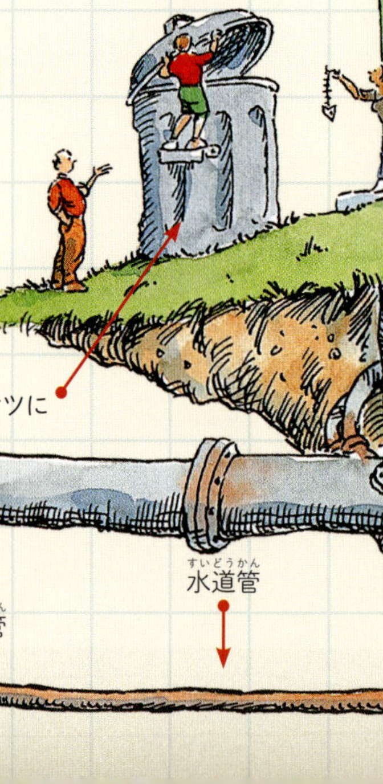

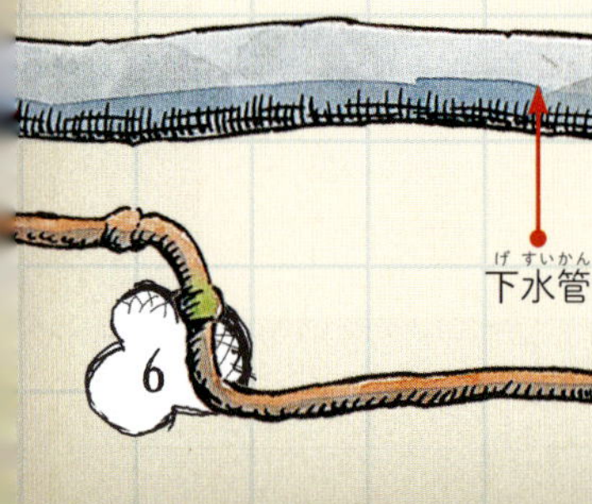

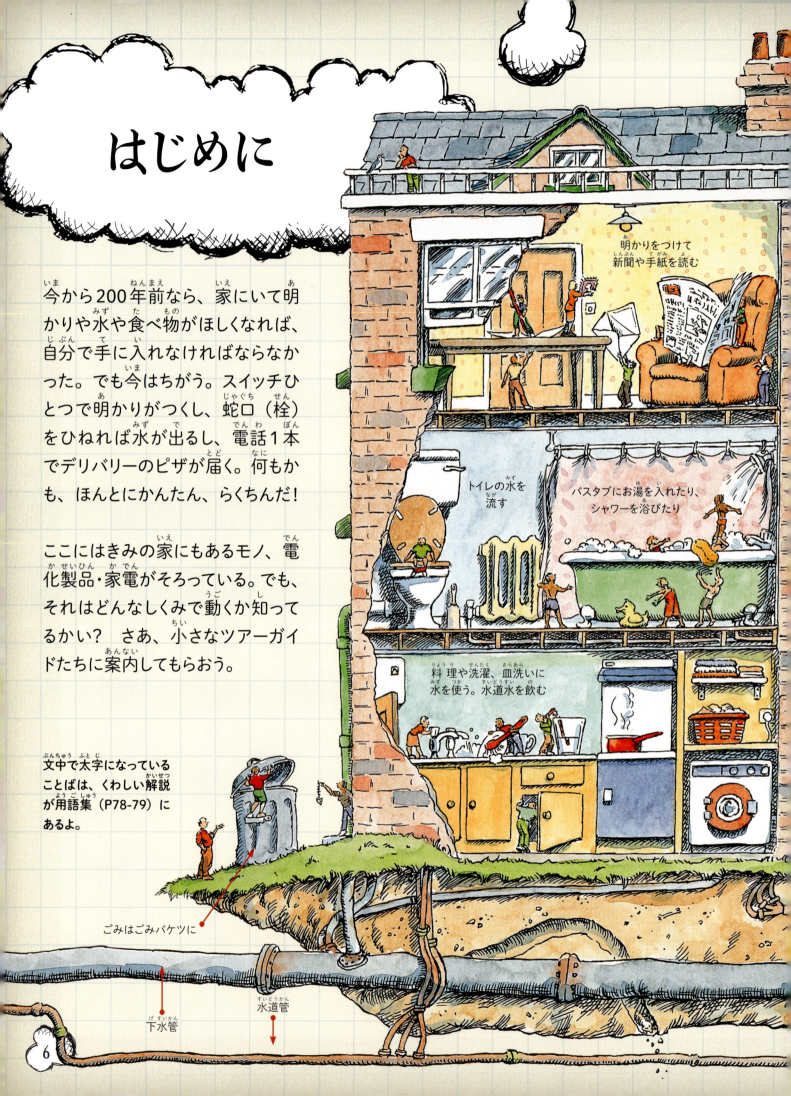

空《そら》飛《と》ぶ電波《でんぱ》

テレビやラジオの放送《ほうそう》は、見《み》えない信号波《しんごうは》できみの家《いえ》に送《おく》られてくる。アンテナという金属製《きんぞくせい》の管《かん》で、その信号波《しんごうは》をキャッチする。ラジオのアンテナは、本体《ほんたい》の上《うえ》か中《なか》に取《と》りつけられている。テレビの電波《でんぱ》は、屋根《やね》の上《うえ》のテレビ用《よう》アンテナか、壁《かべ》につけた衛星放送用《えいせいほうそうよう》パラボラアンテナで受《う》ける。地下《ちか》ケーブルで取《と》り込《こ》むこともある。

気《き》をつけて!

電気《でんき》とガスは正《ただ》しくあつかわないとケガをする。電気器具《でんききぐ》をいじるときは、大人《おとな》といっしょにね。ガスコンロを、かってに使《つか》ってはいけないよ。お湯《ゆ》の栓《せん》をひねるときも気《き》をつけて。熱湯《ねっとう》が出《で》ることもあるから!

土《つち》の中《なか》を掘《ほ》ってみると

水《みず》とガスは地下《ちか》のパイプから、電気《でんき》は銅線《どうせん》の入《はい》ったケーブルで家《いえ》に取《と》り込《こ》む。電話線《でんわせん》も地下《ちか》ケーブルを使《つか》うことが多《おお》い。家庭《かてい》から出《で》る下水《げすい》や排水《はいすい》は、下水管《げすいかん》という太《ふと》い管《かん》で外《そと》に送《おく》り出《だ》す。

家《いえ》の外《そと》でも

だれかがきみの家《いえ》に行《い》きたいと思《おも》ったら、いちばん近《ちか》い空港《くうこう》までジェット機《き》に乗《の》り、そこから電車《でんしゃ》に乗《の》ったり、レンタカーを使《つか》ったり。家《いえ》をさがすにはきっとカーナビも使《つか》うよ。

電気《でんき》

電気《でんき》は、目《め》に見《み》えないすばらしいエネルギーだ。スタンドのスイッチを押《お》すと、そのエネルギーがはたらいて明《あ》かりがつく。電気《でんき》は発電所《はつでんしょ》でつくられている。発電所《はつでんしょ》からきみの家《いえ》までどんなふうにやってくるんだろう?

1 蒸気《じょうき》をつくりだす

発電所《はつでんしょ》では、石炭《せきたん》や石油《せきゆ》、ガス、**核燃料《かくねんりょう》**などを燃《も》やし、水《みず》をふっとうさせて蒸気《じょうき》を出《だ》す。蒸気《じょうき》はパイプの中《なか》を一気《いっき》に通《とお》りぬけて、**タービン**という回転羽根《かいてんばね》に当《あ》たり、その回転《かいてん》を速《はや》める。**水力発電所《すいりょくはつでんしょ》**ではダムから流《なが》れ落《お》ちる水《みず》でタービンを回《まわ》す。

2 回転《かいてん》させる

タービンが回《まわ》ると、巨大《きょだい》な**磁石《じしゃく》**の極《きょく》と極《きょく》のあいだの銅線《どうせん》コイルが回《まわ》る。これが**発電機《はつでんき》**のしくみだ。

3 電流《でんりゅう》をつくる

磁石《じしゃく》の力《ちから》、つまり磁力《じりょく》は、**電子《でんし》**（エレクトロン）というごく小《ちい》さいエネルギーの束《たば》を、銅線《どうせん》コイルから引《ひ》き出《だ》す。この電子《でんし》が電気《でんき》の流《なが》れ、つまり**電流《でんりゅう》**をつくる。

4 電流《でんりゅう》を上《あ》げる

発電所《はつでんしょ》からの電流《でんりゅう》は弱《よわ》く、町《まち》じゅうに電気《でんき》を送《おく》れない。**変圧器《へんあつき》**という鉄製《てつせい》の輪《わ》でできた装置《そうち》に送《おく》り、電圧《でんあつ》を高《たか》める。

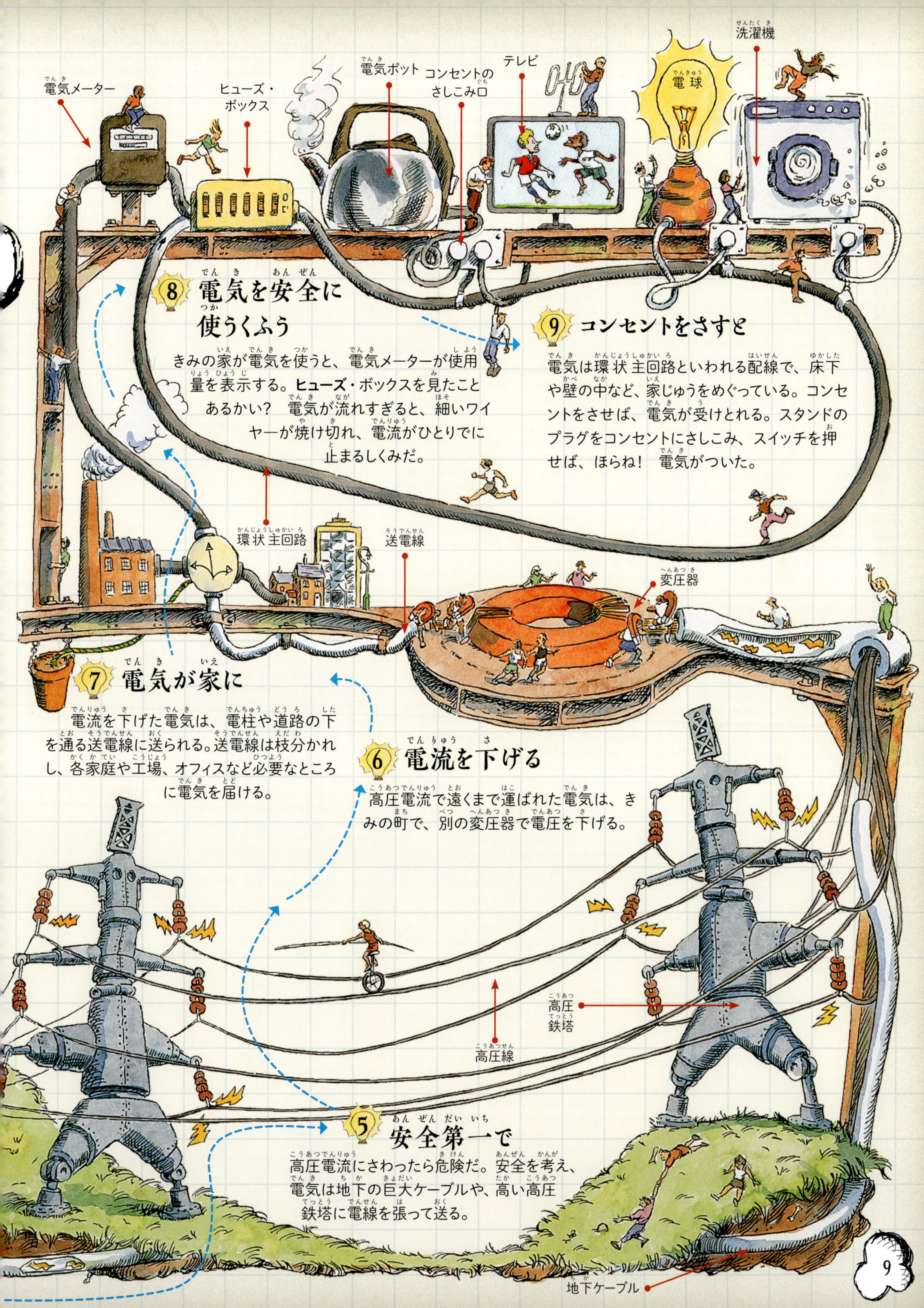

5 安全第一《あんぜんだいいち》で

高圧電流《こうあつでんりゅう》にさわったら危険《きけん》だ。安全《あんぜん》を考《かんが》え、電気《でんき》は地下《ちか》の巨大《きょだい》ケーブルや、高《たか》い高圧《こうあつ》鉄塔《てっとう》に電線《でんせん》を張《は》って送《おく》る。

6 電流《でんりゅう》を下《さ》げる

高圧電流《こうあつでんりゅう》で遠《とお》くまで運《はこ》ばれた電気《でんき》は、きみの町《まち》で、別《べつ》の変圧器《へんあつき》で電圧《でんあつ》を下《さ》げる。

7 電気《でんき》が家《いえ》に

電流《でんりゅう》を下《さ》げた電気《でんき》は、電柱《でんちゅう》や道路《どうろ》の下《した》を通《とお》る送電線《そうでんせん》に送《おく》られる。送電線《そうでんせん》は枝分《えだわ》かれし、各家庭《かくかてい》や工場《こうじょう》、オフィスなど必要《ひつよう》なところに電気《でんき》を届《とど》ける。

8 電気《でんき》を安全《あんぜん》に使《つか》うくふう

きみの家《いえ》が電気《でんき》を使《つか》うと、電気《でんき》メーターが使用《しよう》量《りょう》を表示《ひょうじ》する。**ヒューズ・ボックス**を見《み》たことあるかい？　電気《でんき》が流《なが》れすぎると、細《ほそ》いワイヤーが焼《や》け切《き》れ、電流《でんりゅう》がひとりでに止《と》まるしくみだ。

9 コンセントをさすと

電気《でんき》は環状主回路《かんじょうしゅかいろ》といわれる配線《はいせん》で、床下《ゆかした》や壁《かべ》の中《なか》など、家《いえ》じゅうをめぐっている。コンセントをさせば、電気《でんき》が受《う》けとれる。スタンドのプラグをコンセントにさしこみ、スイッチを押《お》せば、ほらね！　電気《でんき》がついた。

ガス

キッチンのコンロや暖房《だんぼう》で使《つか》うガスは、天然《てんねん》ガスといって、地中《ちちゅう》でできるものだ。天然《てんねん》ガスは引火性《いんかせい》が強《つよ》い、つまり火《ひ》がつきやすく、燃《も》えやすい。そんなガスをどうやって安全《あんぜん》にきみの家《いえ》まで届《とど》けるんだろう?

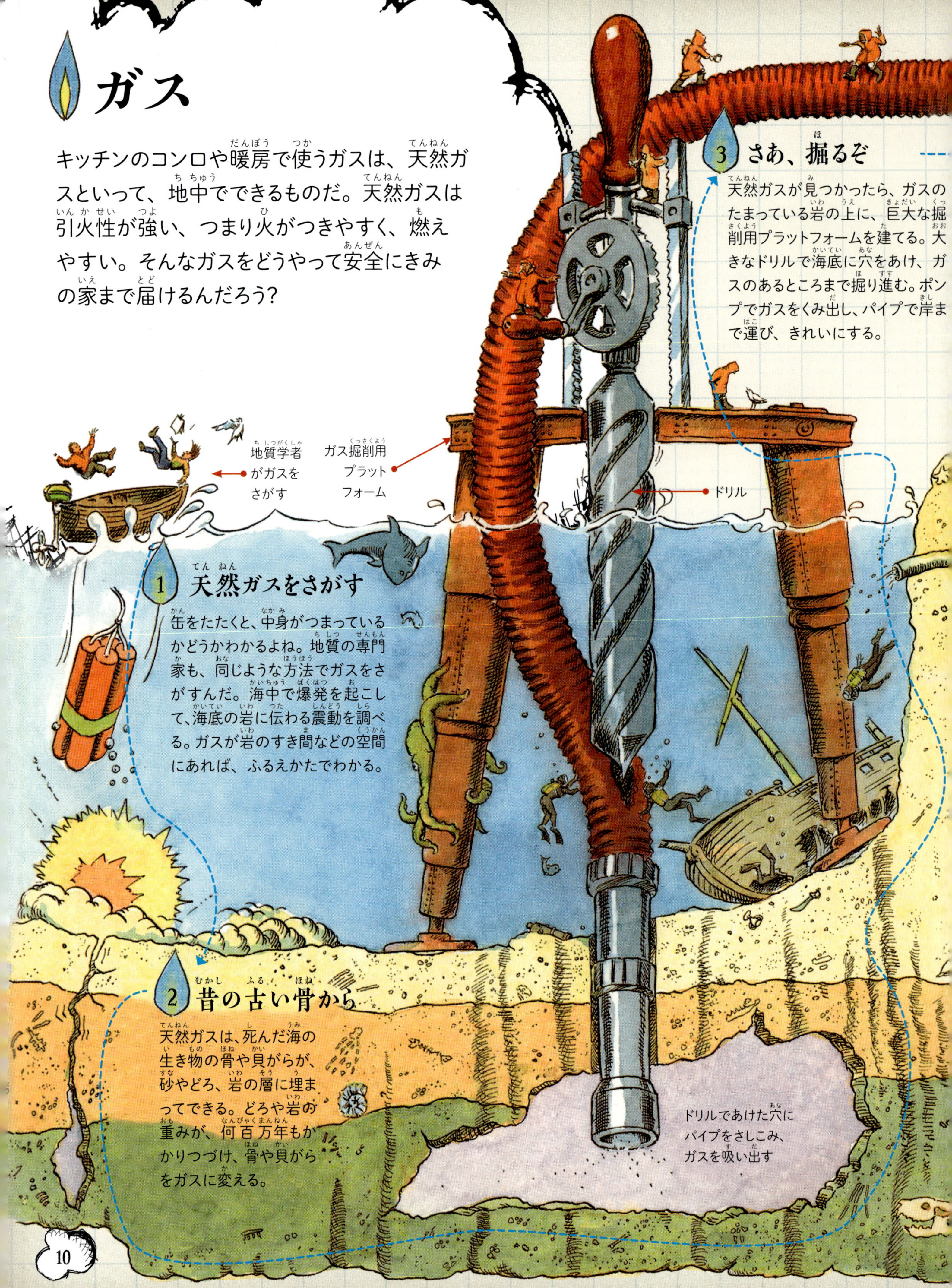

1 天然《てんねん》ガスをさがす

缶《かん》をたたくと、中身《なかみ》がつまっているかどうかわかるよね。地質《ちしつ》の専門《せんもん》家《か》も、同《おな》じような方法《ほうほう》でガスをさがすんだ。海中《かいちゅう》で爆発《ばくはつ》を起《お》こして、海底《かいてい》の岩《いわ》に伝《つた》わる震動《しんどう》を調《しら》べる。ガスが岩《いわ》のすき間《ま》などの空間《くうかん》にあれば、ふるえかたでわかる。

2 昔《むかし》の古《ふる》い骨《ほね》から

天然《てんねん》ガスは、死《し》んだ海《うみ》の生《い》き物《もの》の骨《ほね》や貝《かい》がらが、砂《すな》やどろ、岩《いわ》の層《そう》に埋《う》まってできる。どろや岩《いわ》の重《おも》みが、何百万年《なんびゃくまんねん》もかかりつづけ、骨《ほね》や貝《かい》がらをガスに変《か》える。

3 さあ、掘《ほ》るぞ

天然《てんねん》ガスが見《み》つかったら、ガスのたまっている岩《いわ》の上《うえ》に、巨大《きょだい》な掘《くっ》削用《さくよう》プラットフォームを建《た》てる。大《おお》きなドリルで海底《かいてい》に穴《あな》をあけ、ガスのあるところまで掘《ほ》り進《すす》む。ポンプでガスをくみ出《だ》し、パイプで岸《きし》まで運《はこ》び、きれいにする。

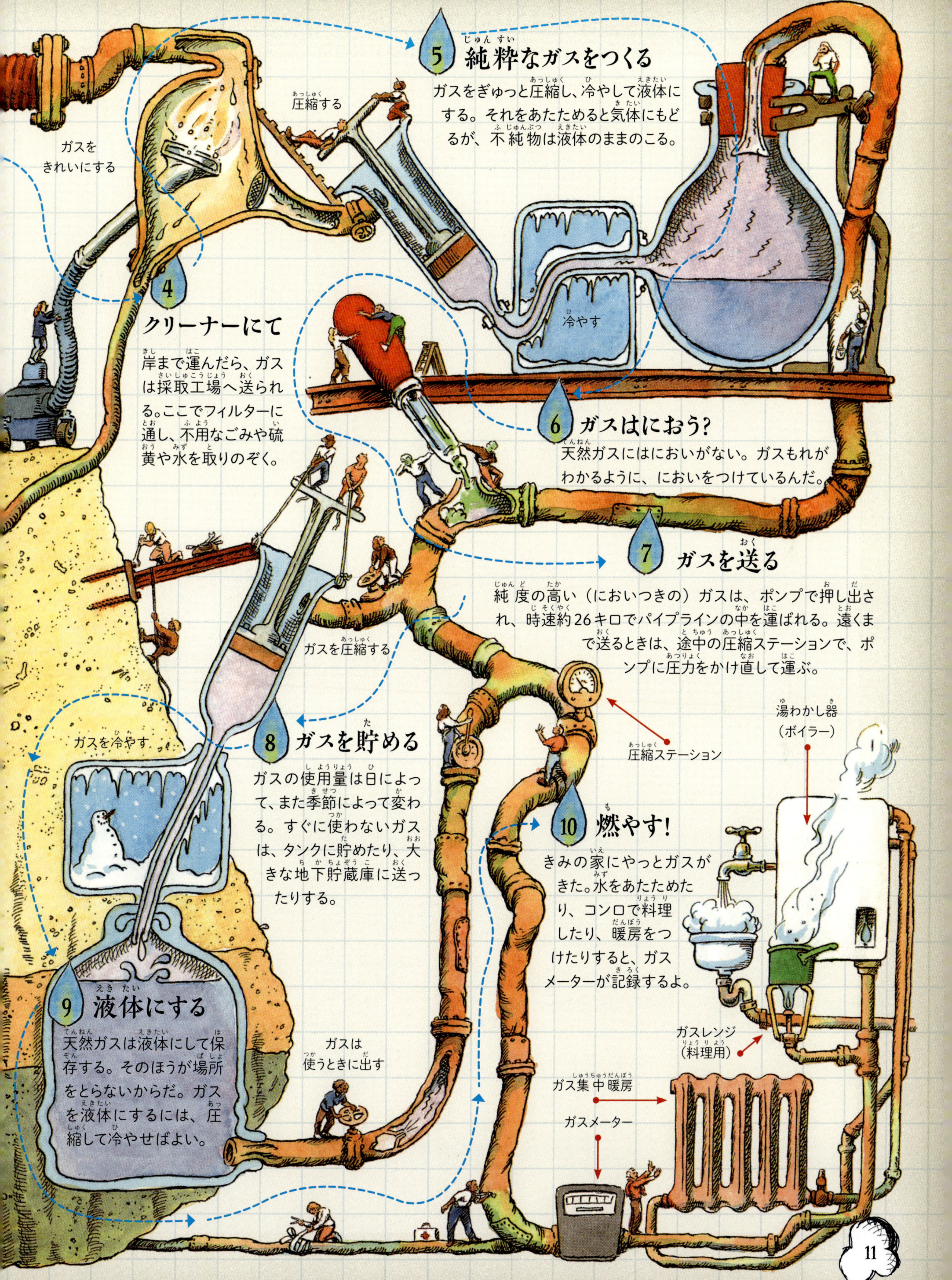

4 クリーナーにて

岸《きし》まで運《はこ》んだら、ガスは採取工場《さいしゅこうじょう》へ送《おく》られる。ここでフィルターに通《とお》し、不用《ふよう》なごみや硫黄《いおう》や水《みず》を取《と》りのぞく。

5 純粋《じゅんすい》なガスをつくる

ガスをぎゅっと圧縮《あっしゅく》し、冷《ひ》やして液体《えきたい》にする。それをあたためると気体《きたい》にもどるが、不純物《ふじゅんぶつ》は液体《えきたい》のままのこる。

6 ガスはにおう?

天然《てんねん》ガスにはにおいがない。ガスもれがわかるように、においをつけているんだ。

7 ガスを送《おく》る

純度《じゅんど》の高《たか》い（においつきの）ガスは、ポンプで押《お》し出《だ》され、時速約《じそくやく》26キロでパイプラインの中《なか》を運《はこ》ばれる。遠《とお》くまで送《おく》るときは、途中《とちゅう》の圧縮《あっしゅく》ステーションで、ポンプに圧力《あつりょく》をかけ直《なお》して運《はこ》ぶ。

8 ガスを貯《た》める

ガスの使用量《しようりょう》は日《ひ》によって、また季節《きせつ》によって変《か》わる。すぐに使《つか》わないガスは、タンクに貯《た》めたり、大《おお》きな地下貯蔵庫《ちかちょぞうこ》に送《おく》ったりする。

9 液体《えきたい》にする

天然《てんねん》ガスは液体《えきたい》にして保存《ほぞん》する。そのほうが場所《ばしょ》をとらないからだ。ガスを液体《えきたい》にするには、圧縮《あっしゅく》して冷《ひ》やせばよい。

10 燃《も》やす!

きみの家《いえ》にやっとガスがきた。水《みず》をあたためたり、コンロで料理《りょうり》したり、暖房《だんぼう》をつけたりすると、ガスメーターが記録《きろく》するよ。

水《みず》

水《みず》は、水道《すいどう》の栓《せん》をひねれば出《で》る。新《あたら》しく、きれいで、すぐに飲《の》める。洗濯《せんたく》したり、お風呂《ふろ》に使《つか》ったりできる。日本《にほん》では、ひとりで1日《にち》あたり約《やく》300リットルの水《みず》を使《つか》うそうだ。水道《すいどう》の水《みず》も、もとは雨水《あまみず》だけれど、どうやってきみのうちまでやってくるんだろう?

1 はじめは雨水《あまみず》

雨《あめ》が降《ふ》ると、川《かわ》に流《なが》れ込《こ》んだり、地面《じめん》にしみ込《こ》んだりする。この水《みず》をポンプでくみ上《あ》げ、太《ふと》いパイプで送《おく》る。ごみやよごれは、フィルターで取《と》りのぞく。

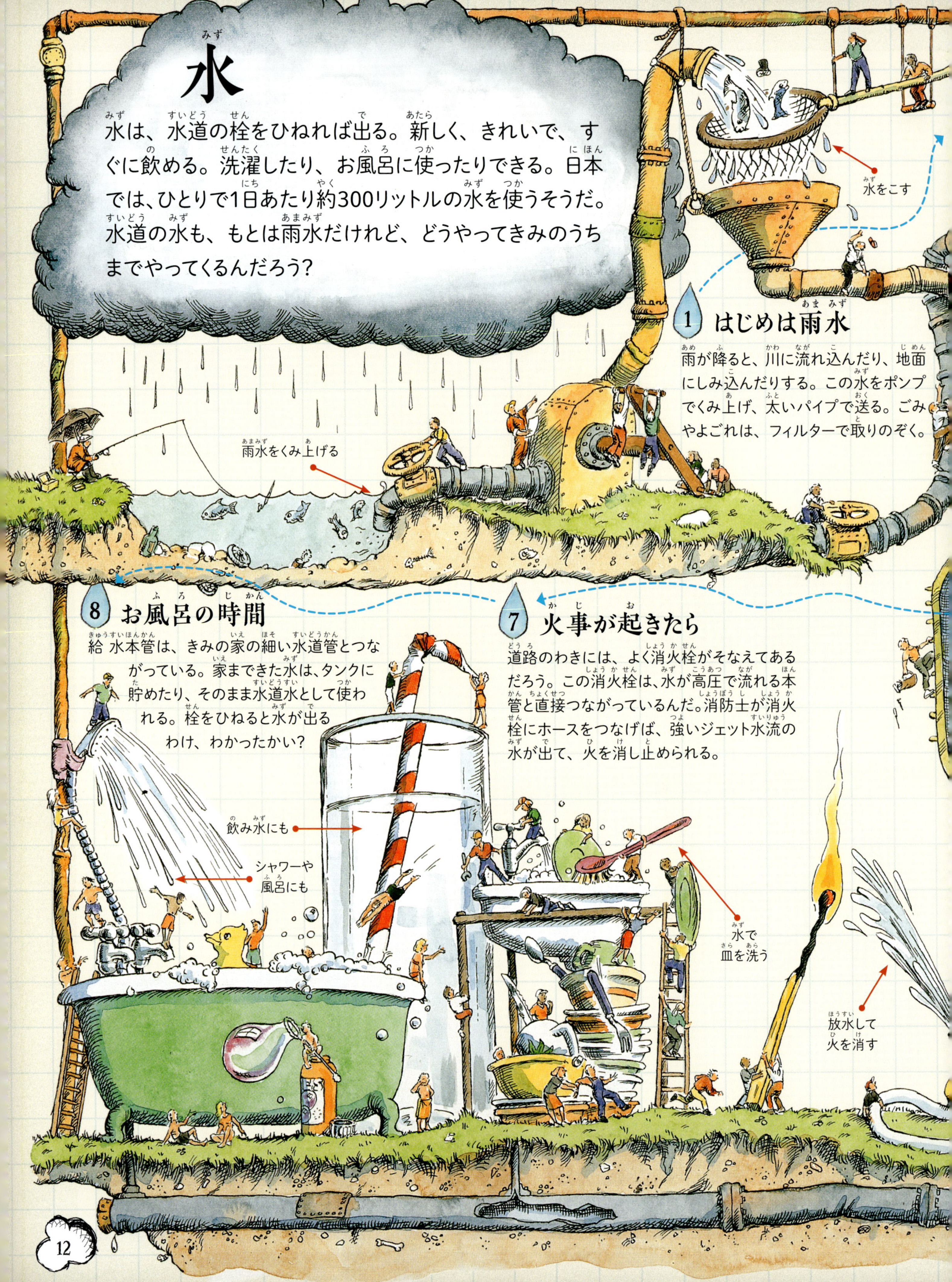

7 火事《かじ》が起《お》きたら

道路《どうろ》のわきには、よく消火栓《しょうかせん》がそなえてあるだろう。この消火栓《しょうかせん》は、水《みず》が高圧《こうあつ》で流《なが》れる本《ほん》管《かん》と直接《ちょくせつ》つながっているんだ。消防士《しょうぼうし》が消火《しょうか》栓《せん》にホースをつなげば、強《つよ》いジェット水流《すいりゅう》の水《みず》が出《で》て、火《ひ》を消《け》し止《と》められる。

8 お風呂《ふろ》の時間《じかん》

給 水本管《きゅうすいほんかん》は、きみの家《いえ》の細《ほそ》い水道管《すいどうかん》とつながっている。家《いえ》まできた水《みず》は、タンクに貯《た》めたり、そのまま水道水《すいどうすい》として使《つか》われる。栓《せん》をひねると水《みず》が出《で》るわけ、わかったかい?

2 よごれを取《と》る

雨水《あまみず》はそのままではよごれているので、いろいろ手《て》を加《くわ》えてきれいにする。まず、硫酸《りゅうさん》アルミニウムと石灰《せっかい》という、2つの化学薬品《かがくやくひん》で消毒《しょうどく》する。

3 沈殿物《ちんでんぶつ》

薬《くすり》とよくまぜ合《あ》わせても、水《みず》には、まだよどんだようなよごれがのこる。薬《くすり》を入《い》れると、どろやちりのごく小《ちい》さい粒《つぶ》が、まとまって**フロック**（**綿状**《めんじょう》**沈殿物**《ちんでんぶつ》）というかたまりになる。フロックは塩《しお》1粒《つぶ》より小《ちい》さいが、自分《じぶん》の重《おも》さで、だんだん下《した》にしずむ。

4 ヘドロ

水《みず》は、次《つぎ》に**沈殿槽**《ちんでんそう》へやってくる。フロックは底《そこ》にしずみ、たまってヘドロとなる。ヘドロはここで取《と》りのぞかれ、水《みず》は次《つぎ》の段階《だんかい》へ進《すす》む。

5 きれいな水《みず》のできあがり

水《みず》はまだ「とてもきれい」というわけではない。砂《すな》や小石《こいし》の層《そう》に通《とお》し、わずかなちりも取《と》りのぞく。これをろ過《か》という。バクテリア（細菌《さいきん》）を加《くわ》え、水《みず》にのこった微生物《びせいぶつ》を食《た》べさせる。最後《さいご》に漂白剤《ひょうはくざい》を入《い》れて菌《きん》を殺《ころ》す。これで、きれいな水《みず》のできあがりだ!

6 タンクに

飲《の》めるようになった水《みず》は、導水管《どうすいかん》という太《ふと》いパイプを通《とお》り、おおいのある**貯水槽**《ちょすいそう》や、水道塔《すいどうとう》のてっぺんのタンクへ送《おく》られ、使《つか》うときまで貯《た》められる。

家《いえ》で水道栓《すいどうせん》をひねると、水《みず》はタンクから給水本管《きゅうすいほんかん》を通《とお》って、くみ上《あ》げられて使《つか》われる。

下《げ》水《すい》

きみが風呂《ふろ》の栓《せん》をぬいたり、トイレの水《みず》を流《なが》したりすると、水《みず》や汚物《おぶつ》は、排水管《はいすいかん》を流《なが》れていく。そこから先《さき》は、どうなるんだろう？　地球《ちきゅう》がどんどんくさくなっていかないわけ、知《し》ってるかい？

6 ろ床槽《しょうそう》でろ過《か》

よごれののこる水《みず》は、ぬるぬるした砂利《じゃり》で層《そう》をつくったタンクであるろ床槽《しょうそう》に散水《さんすい》される。

7 役《やく》に立《た》つ菌《きん》

ぬるぬるした砂利《じゃり》には、**バクテリア**がついている。このバクテリアは、水《みず》が砂利《じゃり》の層《そう》を通《とお》るとき、水中《すいちゅう》の害《がい》のある物質《ぶっしつ》を食《た》べてくれる。

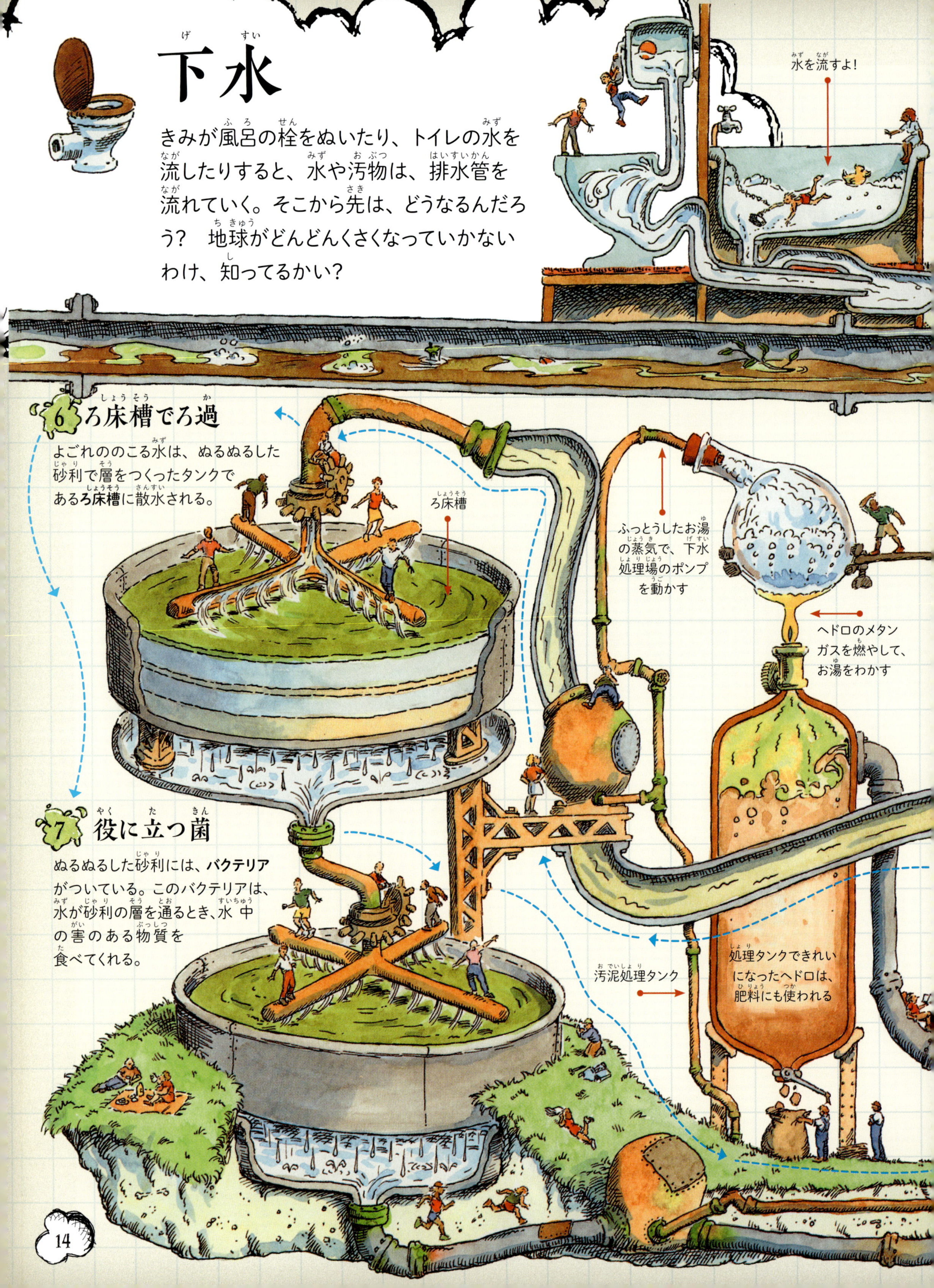

水《みず》を流《なが》すよ!
ろ床槽《しょうそう》
ふっとうしたお湯《ゆ》の蒸気《じょうき》で、下水《げすい》処理場《しょりじょう》のポンプを動《うご》かす
ヘドロのメタンガスを燃《も》やして、お湯《ゆ》をわかす
汚泥処理《おでいしょり》タンク
処理《しょり》タンクできれいになったヘドロは、肥料《ひりょう》にも使《つか》われる

1 排水管《はいすいかん》へ

使《つか》い終《お》わった水《みず》は、排水管《はいすいかん》を通《とお》り、下水管《げすいかん》というトンネルへ流《なが》れ込《こ》む。下水管《げすいかん》はとても太《ふと》く、まるで地下《ちか》に川《かわ》が流《なが》れているようだ。

2 処理場《しょりじょう》へ

下水管《げすいかん》は、きみの家《いえ》や会社《かいしゃ》、レストラン、工場《こうじょう》などから出《で》た下水《げすい》を、下水処理場《げすいしょりじょう》まで運《はこ》ぶ。

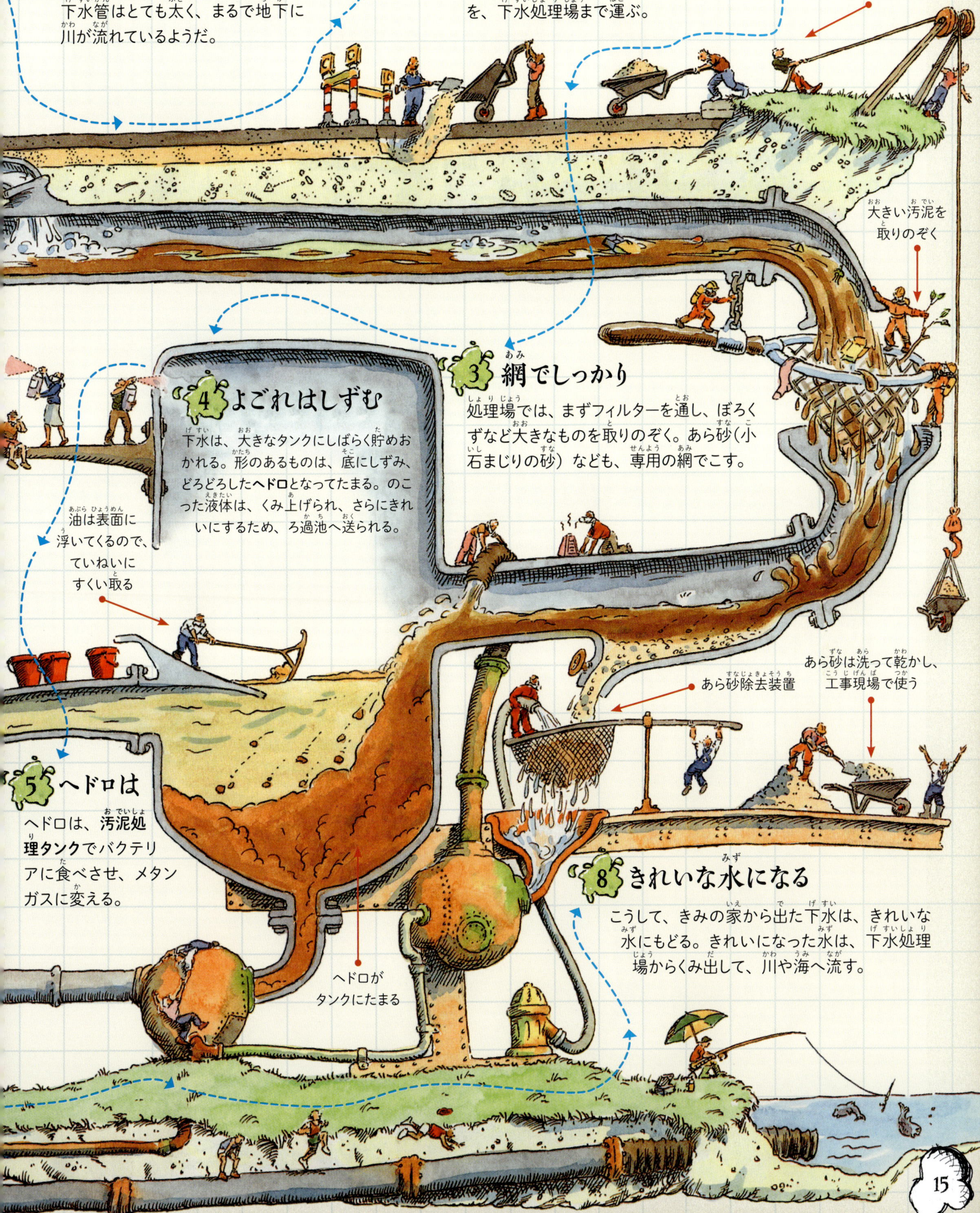

3 網《あみ》でしっかり

処理場《しょりじょう》では、まずフィルターを通《とお》し、ぼろくずなど大《おお》きなものを取《と》りのぞく。あら砂《すな》(小石《こいし》まじりの砂《すな》)なども、専用《せんよう》の網《あみ》でこす。

4 よごれはしずむ

下水《げすい》は、大《おお》きなタンクにしばらく貯《た》めおかれる。形《かたち》のあるものは、底《そこ》にしずみ、どろどろした**ヘドロ**となってたまる。のこった液体《えきたい》は、くみ上《あ》げられ、さらにきれいにするため、ろ過池《かち》へ送《おく》られる。

5 ヘドロは

ヘドロは、**汚泥処理《おでいしょり》タンク**でバクテリアに食《た》べさせ、メタンガスに変《か》える。

8 きれいな水《みず》になる

こうして、きみの家《いえ》から出《で》た下水《げすい》は、きれいな水《みず》にもどる。きれいになった水《みず》は、下水処理場《げすいしょりじょう》からくみ出《だ》して、川《かわ》や海《うみ》へ流《なが》す。

ごみ

ごみを捨《す》てるとき、その行《い》き先《さき》を考《かんが》えたことある？　**リサイクル**に回《まわ》したり、再利用《さいりよう》するものもあるけれど、のこりは、埋《う》めたり燃《も》やしたりしなきゃならない。

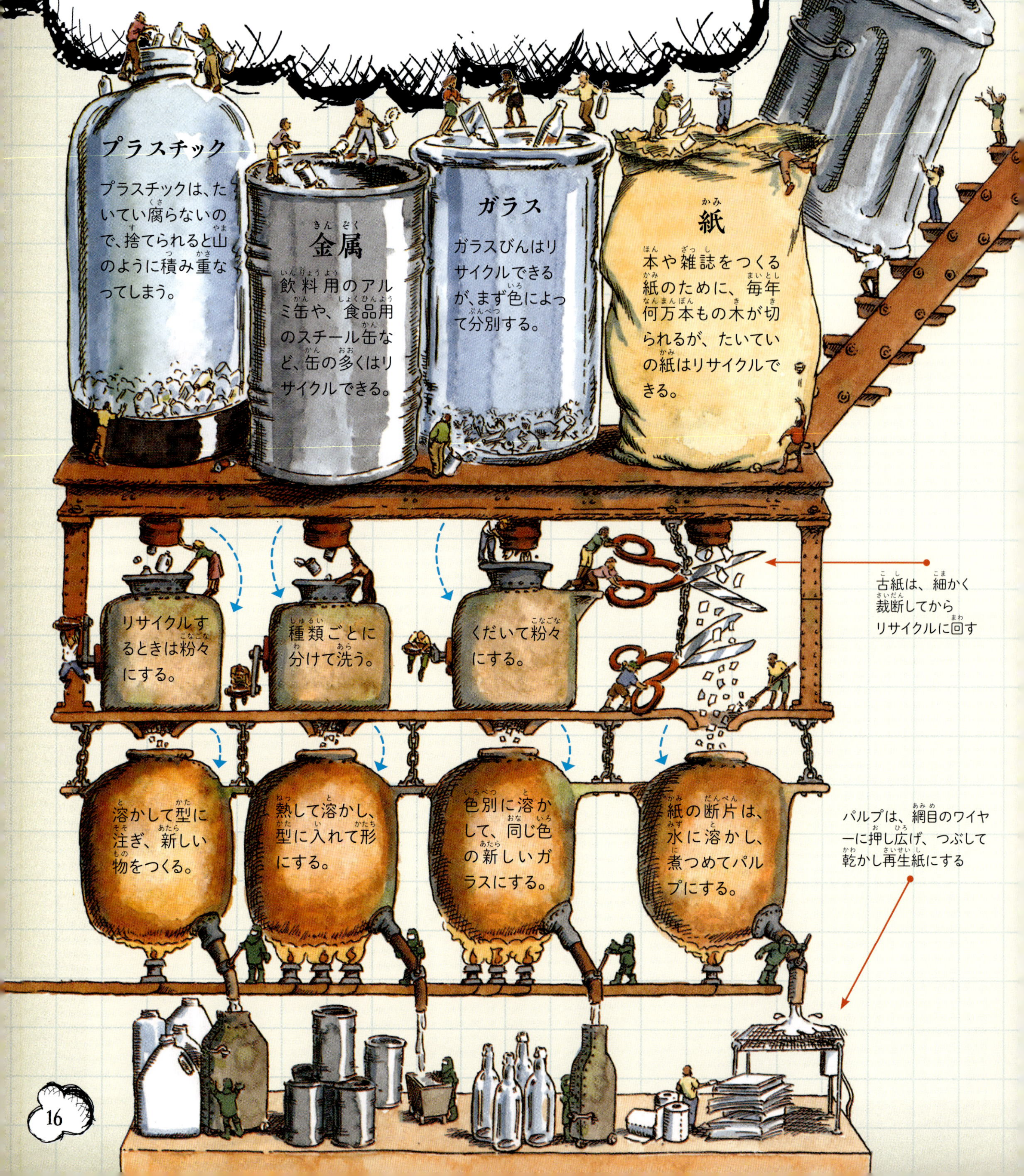

手紙《てがみ》を送《おく》る

アメリカのニューヨークから、オーストラリアのシドニーに住《す》む人《ひと》あてに手紙《てがみ》を送《おく》ると、あて先《さき》の住所《じゅうしょ》にちゃんと届《とど》く。この郵便《ゆうびん》のしくみって、どうなっているんだろう。知《し》りたければ、ページを左右《さゆう》にあけてごらん。

正《ただ》しい住所《じゅうしょ》

あて名《な》を封筒《ふうとう》に正《ただ》しく書《か》かないと、手紙《てがみ》は届《とど》かない。**郵便番号《ゆうびんばんごう》**も大事《だいじ》だ。町《まち》の区画《くかく》ごとに郵便番号《ゆうびんばんごう》がある。これを機械《きかい》に読《よ》みとらせて、手紙《てがみ》を仕分《しわ》けする。

外国《がいこく》に親《しん》せきや友《とも》だちはいる？　親《おや》や先生《せんせい》に、ペンパル（文通相手《ぶんつうあいて》）をさがしてって頼《たの》んでもいいね

アメリカからのこの手《て》紙《がみ》、地《ち》球《きゅう》の裏《うら》がわ

友《とも》だちにあてた手紙《てがみ》には、最後《さいご》に「○○より」って自分《じぶん》の名前《なまえ》を書《か》くよ
仕事《しごと》やあらたまった手紙《てがみ》のときは、「敬具《けいぐ》」と書《か》いて名字《みょうじ》と名前《なまえ》を書《か》く
友《とも》だちあての手紙《てがみ》には最初《さいしょ》に「○○さんへ」とか「○○ちゃんへ」って書《か》く
ここに自分《じぶん》の住所《じゅうしょ》を書《か》く。受《う》けとった人《ひと》が、どこに返事《へんじ》を出《だ》せばよいかわかるように

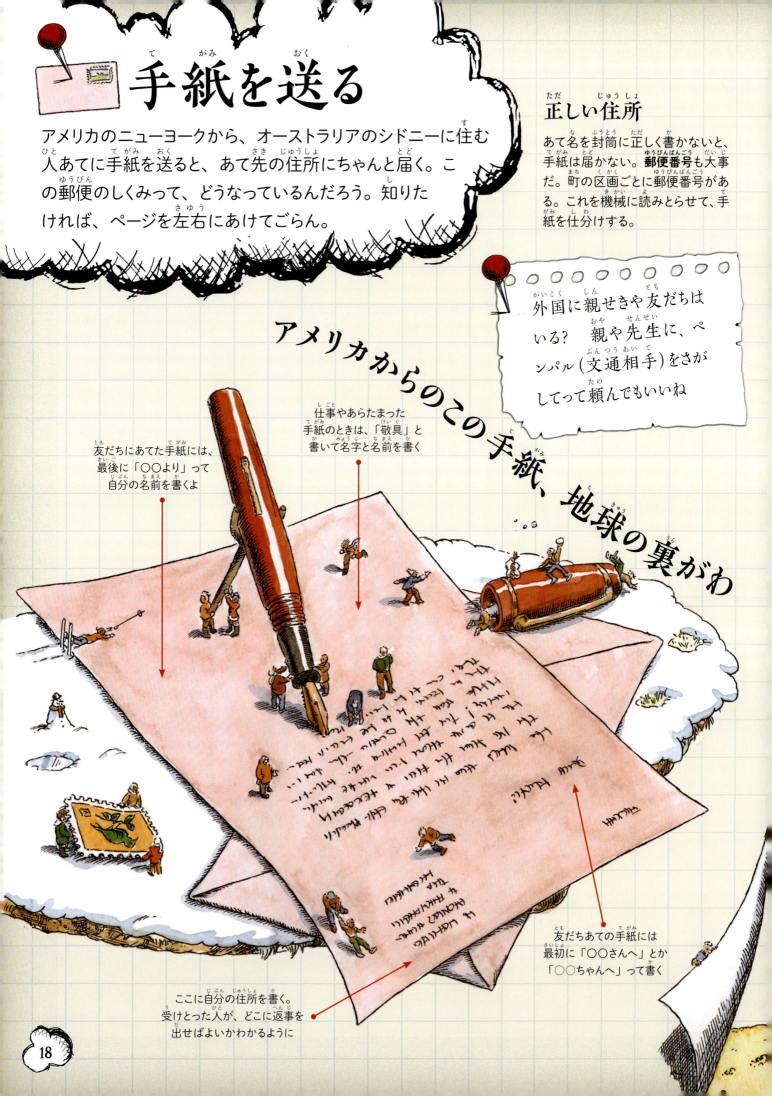

いっしょにたどろう、手紙《てがみ》の旅《たび》

きみがポストに手紙《てがみ》を入《い》れると、そこから郵便《ゆうびん》サービスの仕事《しごと》がはじまる。手紙《てがみ》を集《あつ》めにくる時間《じかん》は1日《にち》に数回《すうかい》、きみの手紙《てがみ》は、ポストの中《なか》で郵便屋《ゆうびんや》さんが来《く》るのを待《ま》つ。

郵便物《ゆうびんぶつ》を集《あつ》める
郵便《ゆうびん》ポストに
投函《とうかん》された手紙《てがみ》

12 家《いえ》の郵便受《ゆうびんう》けへ

郵便袋《ゆうびんぶくろ》には、家《いえ》や会社《かいしゃ》あての郵便物《ゆうびんぶつ》がいっぱい。郵便屋《ゆうびんや》さんは、ひとりずつ受《う》け持《も》ちの区画《くかく》に分《わ》かれ、郵便物《ゆうびんぶつ》を届《とど》けて回《まわ》る。郵便《ゆうびん》トラックや自転車《じてんしゃ》、または歩《ある》いてね。

手紙《てがみ》がぶじ到着《とうちゃく》！
アメリカからオーストラリア
まで、たった2日《ふつか》で着《つ》くよ

1 大《おお》きさで仕《し》分《わ》けする

郵便屋《ゆうびんや》さんは、集《あつ》めた手紙《てがみ》やはがきを、郵便局《ゆうびんきょく》の仕《し》分《わ》け所《しょ》へ運《はこ》ぶ。郵便物《ゆうびんぶつ》は、ベルトコンベヤーで**仕《し》分《わ》け機《き》**に送《おく》られ、大《おお》きさで分《わ》けられる。正《ただ》しい切手《きって》がはってあるか調《しら》べる機械《きかい》、投函《とうかん》された場所《ばしょ》と日《ひ》にちがわかるよう、消印《けしいん》を押《お》す機械《きかい》もある。

10 国《くに》じゅうのあちこちに

近《ちか》くの町《まち》に届《とど》けるならトラックで。遠《とお》いときは列車《れっしゃ》で。大《おお》きい国《くに》や、はるか遠《とお》くの町《まち》まで届《とど》けるなら、また飛行機《ひこうき》を使《つか》って運《はこ》ぶよ。

11 もう一度《いちど》仕《し》分《わ》け

手紙《てがみ》は目的《もくてき》の町《まち》までやってきた。町《まち》の郵便《ゆうびん》局《きょく》でふたたび仕《し》分《わ》けされ……こんどは、地《ち》区《く》ごと通《とお》りごとの仕《し》分《わ》けだ。ついに配達《はいたつ》の準備《じゅんび》がととのったね。

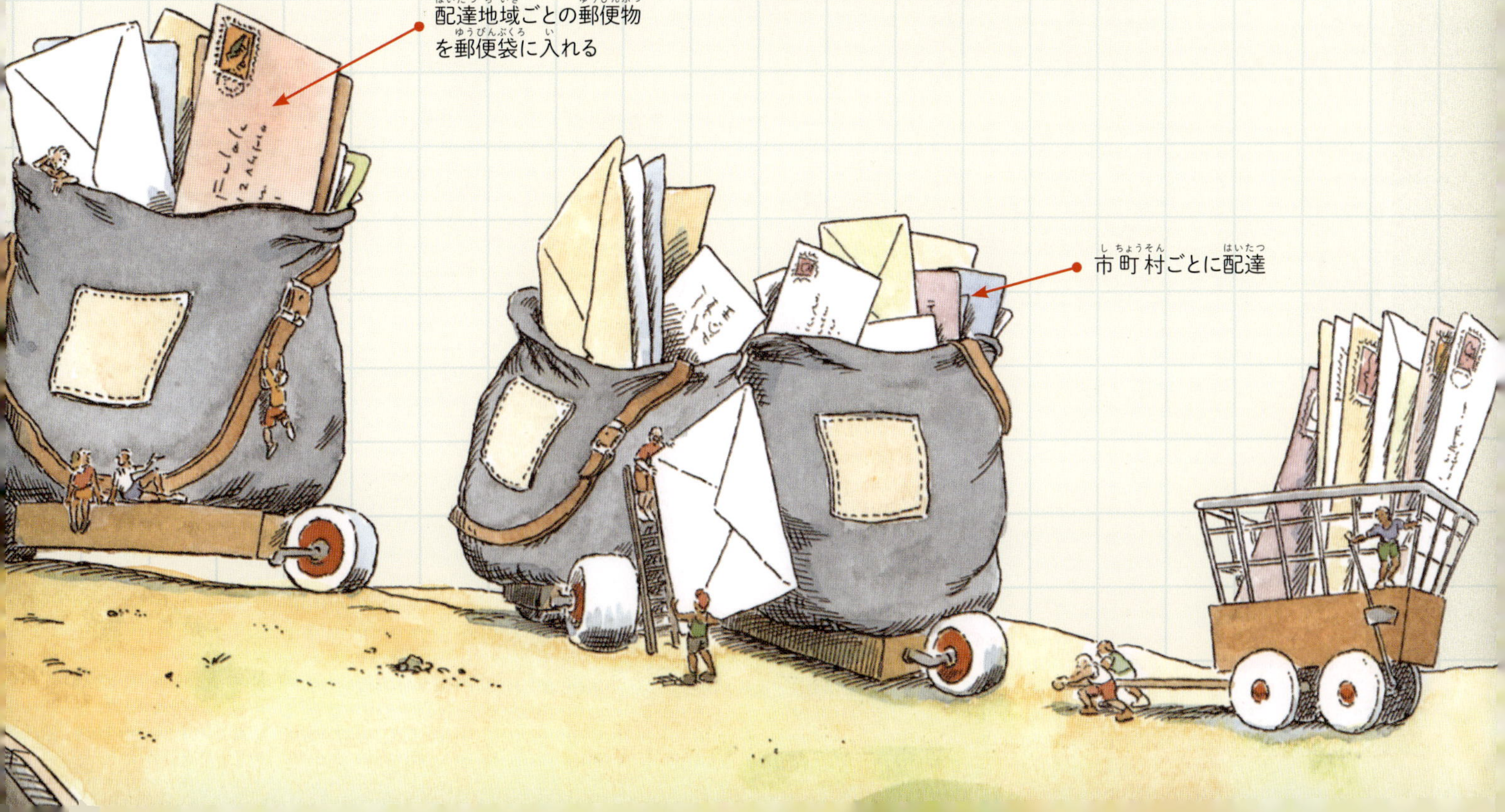

1 ごみを集《あつ》める

ごみ収集車《しゅうしゅうしゃ》は、リサイクルできないごみを集《あつ》める。ごみ集積場《しゅうせきじょう》や、燃《も》やすための焼却炉《しょうきゃくろ》へ運《はこ》ぶ。

2 集積場《しゅうせきじょう》で

ごみは小《ちい》さくつぶして、地面《じめん》に掘《ほ》った、埋《う》め立《た》て用《よう》の巨大《きょだい》な穴《あな》に捨《す》てる。

3 積《つ》み重《かさ》なると

捨《す》てられたごみは、押《お》しつぶされギュウギュウに積《つ》み重《かさ》なる。腐《くさ》ってくると、爆発《ばくはつ》しやすいガスを出《だ》すので危険《きけん》だ。ガスは、穴《あな》のそばにパイプを通《とお》して集《あつ》めたり、燃《も》やして取《と》りのぞいたりする。

4 新《あたら》しい土地《とち》

ごみを捨《す》てた穴《あな》は、いっぱいになると埋《う》め立《た》てられる。危険《きけん》なガスを完全《かんぜん》にぬいたら、その土地《とち》には別《べつ》の使《つか》い道《みち》もある。

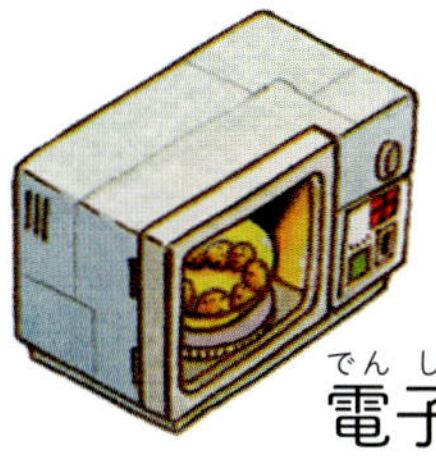

電子《でんし》レンジ

電子《でんし》レンジは、オーブンとくらべ、食《た》べ物《もの》をあっという間《ま》にあたためるし、まわりが熱《あつ》くなることもない。マグネトロンという装置《そうち》を使《つか》い、**マイクロ波《は》**という強力《きょうりょく》なエネルギーを放射《ほうしゃ》して動《うご》かすんだ。

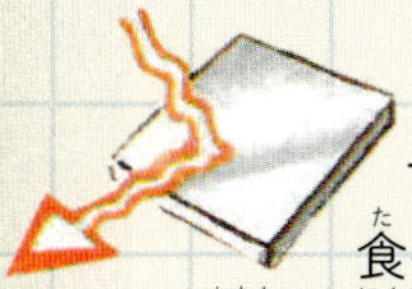

マイクロ波《は》って？

マイクロ波《は》は、毎秒《まいびょう》30万《まん》キロの速《はや》さで空気《くうき》や食《た》べ物《もの》の中《なか》や何《なに》もない宇宙空間《うちゅうくうかん》にも飛《と》んでいく。私《わたし》たち人間《にんげん》は、宇宙《うちゅう》からのマイクロ波《は》をいつも浴《あ》びているけれど、それはとても弱《よわ》く、害《がい》はない。電子《でんし》レンジで使《つか》われるマイクロ波《は》は、それよりだいぶ強力《きょうりょく》だ。

電子《でんし》レンジで調理《ちょうり》

マイクロ波《は》のエネルギーが、食《た》べ物《もの》に含《ふく》まれる水《みず》の**分子《ぶんし》**を通《とお》りぬけると、分子《ぶんし》が速《はや》いスピードで動《うご》きだす。その動《うご》きのせいで熱《ねつ》が生《う》まれ、その熱《ねつ》で食《た》べ物《もの》があたたまる。

1 冷凍食品《れいとうしょくひん》

冷凍食品《れいとうしょくひん》の中《なか》では、水《みず》の分子《ぶんし》はバラバラになっている。分子《ぶんし》の動《うご》きはあるが、ゆっくりしている。

2 「解凍《かいとう》」ボタンを押《お》すと

マイクロ波《は》が食《た》べ物《もの》の中《なか》を通《とお》ると、水《みず》の分子《ぶんし》の動《うご》きが速《はや》まり、あちこちの方向《ほうこう》に動《うご》く。

3 できあがり

分子《ぶんし》の速《はや》い動《うご》きで生《う》まれた熱《ねつ》が、食《た》べ物全体《ものぜんたい》に広《ひろ》がり、あたためや解凍《かいとう》ができる。

4 中《なか》から外《そと》へ

マイクロ波《は》は、食《た》べ物《もの》の中《なか》に入《はい》りこんであたためるので、中《なか》から火《ひ》が通《とお》る。食《た》べ物《もの》のまわりの空気《くうき》をあたためて調理《ちょうり》するオーブンと反対《はんたい》だ。

2 あて先《さき》を知《し》る

郵便区分機《ゆうびんくぶんき》という機械《きかい》が、封筒《ふうとう》に書《か》かれた文字《もじ》を読《よ》みとって、あて先《さき》を知《し》る。あて先《さき》をバーコードプリンターに伝《つた》える。

3 バーコード

バーコードプリンターは、太《ふと》い棒《ぼう》と細《ほそ》い棒《ぼう》を並《なら》べたバーコードという記号《きごう》を、封筒《ふうとう》に印刷《いんさつ》する機械《きかい》だ。バーコードには、あて先《さき》の情報《じょうほう》が入《はい》っている。その情報《じょうほう》は、バーコードリーダーという専用《せんよう》の機械《きかい》を使《つか》わないと読《よ》みとれない。

9 あて先《さき》を知《し》る

バーコードリーダーで、あて名《な》のバーコードを読《よ》みとり、住所《じゅうしょ》にしたがって仕分《しわ》けする。

8 オーストラリアに上陸《じょうりく》

飛行機《ひこうき》から下《お》ろした郵便物《ゆうびんぶつ》は、トラックでふたたび郵便物仕分《ゆうびんぶつしわ》け所《しょ》へ。ここからは、オーストラリアの郵便《ゆうびん》サービスの仕事《しごと》になる。

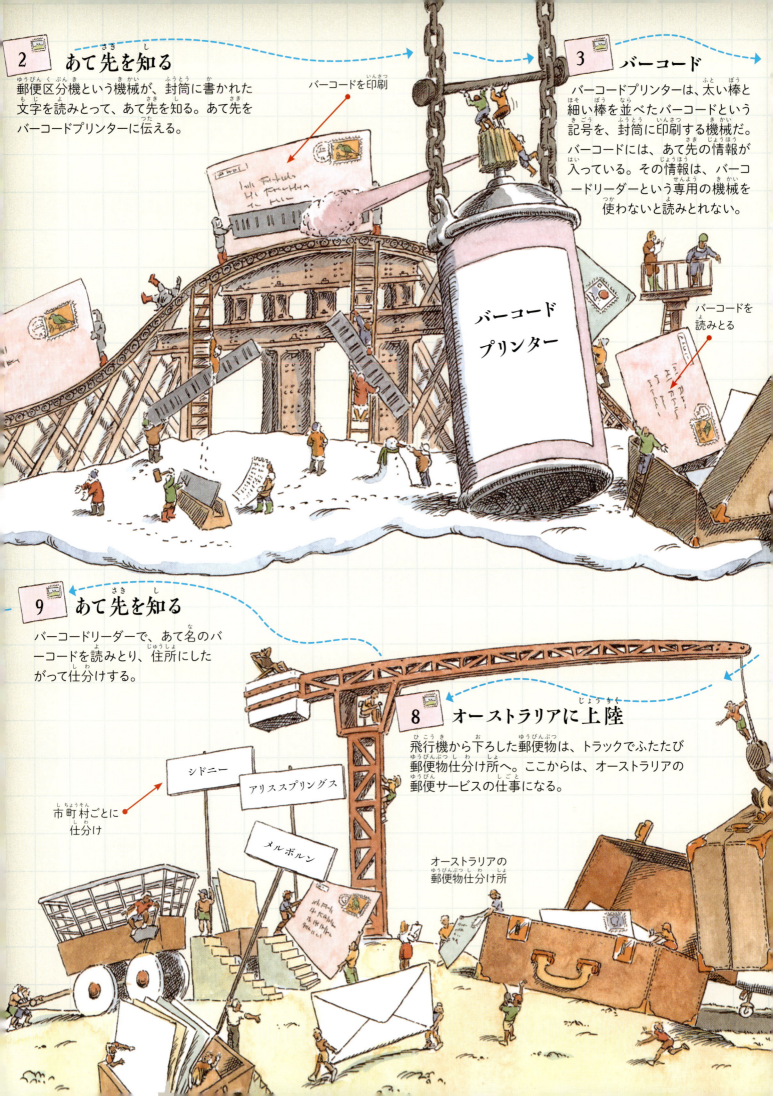

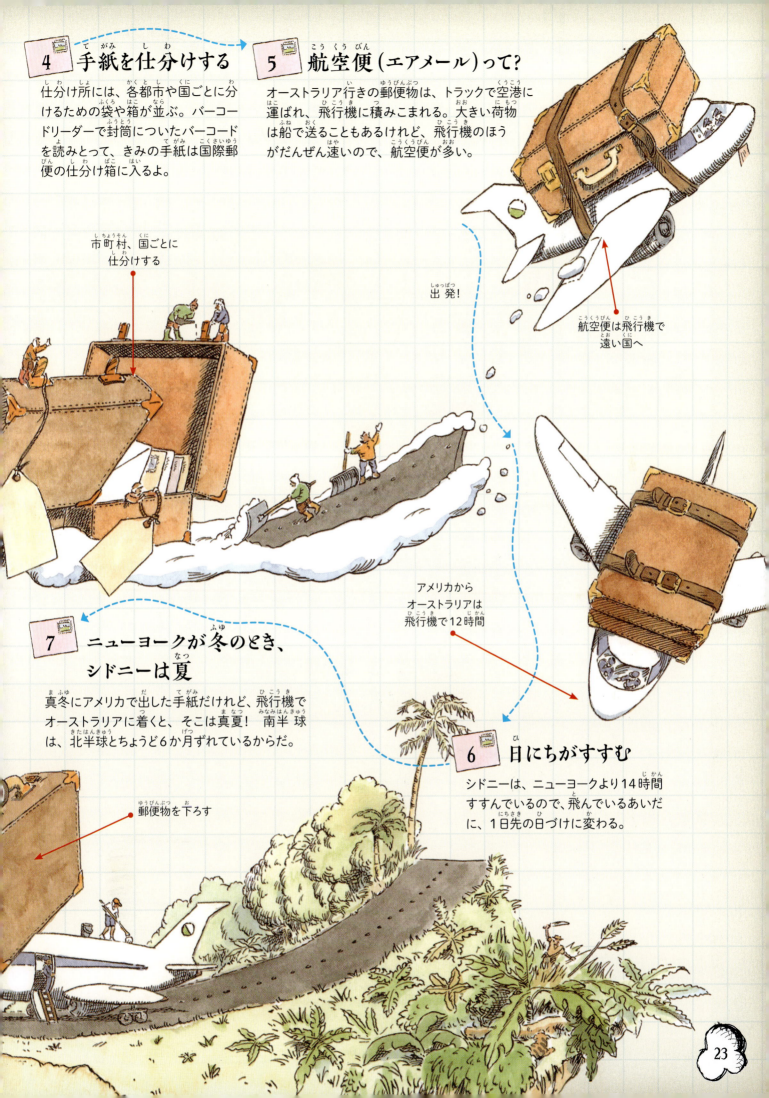

4 手紙《てがみ》を仕分《しわ》けする

仕分《しわ》け所《しょ》には、各都市《かくとし》や国《くに》ごとに分《わ》けるための袋《ふくろ》や箱《はこ》が並《なら》ぶ。バーコードリーダーで封筒《ふうとう》についたバーコードを読《よ》みとって、きみの手紙《てがみ》は国際郵《こくさいゆう》便《びん》の仕分《しわ》け箱《ばこ》に入《はい》るよ。

5 航空便《こうくうびん》（エアメール）って？

オーストラリア行《い》きの郵便物《ゆうびんぶつ》は、トラックで空港《くうこう》に運《はこ》ばれ、飛行機《ひこうき》に積《つ》みこまれる。大《おお》きい荷物《にもつ》は船《ふね》で送《おく》ることもあるけれど、飛行機《ひこうき》のほうがだんぜん速《はや》いので、航空便《こうくうびん》が多《おお》い。

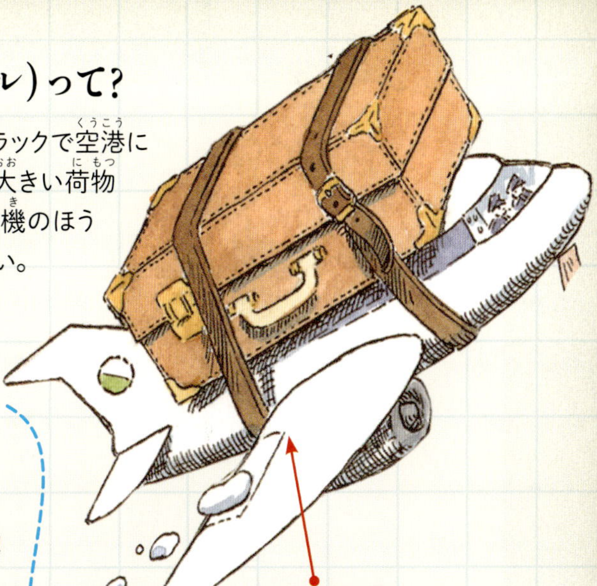
航空便《こうくうびん》は飛行機《ひこうき》で
遠《とお》い国《くに》へ
出発《しゅっぱつ》！

市町村《しちょうそん》、国《くに》ごとに
仕分《しわ》けする

アメリカから
オーストラリアは
飛行機《ひこうき》で12時間《じかん》

7 ニューヨークが冬《ふゆ》のとき、シドニーは夏《なつ》

真冬《まふゆ》にアメリカで出《だ》した手紙《てがみ》だけれど、飛行機《ひこうき》でオーストラリアに着《つ》くと、そこは真夏《まなつ》！　南半球《みなみはんきゅう》は、北半球《きたはんきゅう》とちょうど6か月《げつ》ずれているからだ。

6 日《ひ》にちがすすむ

シドニーは、ニューヨークより14時間《じかん》すすんでいるので、飛《と》んでいるあいだに、1日先《にちさき》の日《ひ》づけに変《か》わる。

郵便物《ゆうびんぶつ》を下《お》ろす

家《いえ》のポストまで

手紙《てがみ》を受《う》けとると、わくわくするけれど、遠《とお》くから届《とど》いた手紙《てがみ》はとくにそう。ここでは、きみがニューヨークで書《か》いた手紙《てがみ》が、地球《ちきゅう》を旅《たび》して、シドニーに届《とど》くまでをたどるよ。

切手《きって》

手紙《てがみ》には、郵便料金分《ゆうびんりょうきんぶん》の切手《きって》をはろう。海外《かいがい》に手紙《てがみ》を送《おく》るのは、国内《こくない》よりお金《かね》がかかる。

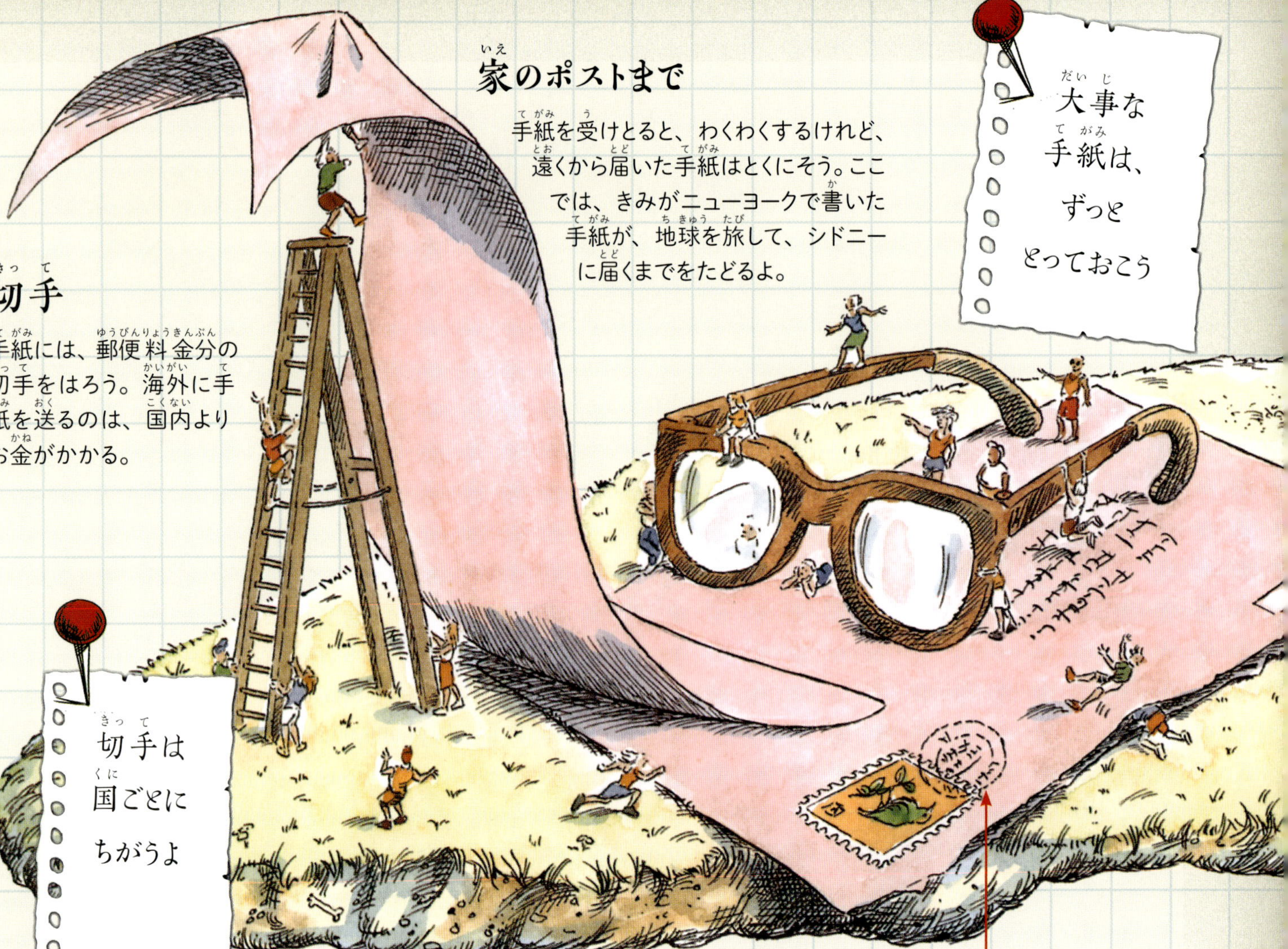

大事《だいじ》な
手紙《てがみ》は、
ずっと
とっておこう

切手《きって》は
国《くに》ごとに
ちがうよ

消印《けしいん》を見《み》ると、手紙《てがみ》がいつどこで投函《とうかん》されたかわかる

のオーストラリアまで、どうやって届《とど》くの？

ヨーロッパ
北《きた》アメリカ
ニューヨーク
アジア
トンブクトゥ
大西洋《たいせいよう》
アフリカ
南《みなみ》アメリカ
太平洋《たいへいよう》
オーストラリア
シドニー

手紙《てがみ》は世界中《せかいじゅう》どこにでも送《おく》れる。ただし、遠《とお》くはなれた場所《ばしょ》は届《とど》くのに時間《じかん》がかかるよ。たとえば、アフリカのサハラ砂漠《さばく》の町《まち》、トンブクトゥとかはね。

3 マイクロ波《は》があちこちに飛《と》ぶ

金属《きんぞく》はマイクロ波《は》を通《とお》さないので、ファンの羽根《はね》に当《あ》たるとはね返《かえ》り、レンジ内《ない》のあらゆる方向《ほうこう》へ飛《と》んでいく。

2 マイクロ波《は》が出《で》る

スタートボタンを押《お》すと、マグネトロンが電気《でんき》の力《ちから》でマイクロ波《は》のビームを出《だ》す。このビームが、レンジ上部《じょうぶ》の回《まわ》る金属《きんぞく》ファンに当《あ》たる。

5 もれをふせぐ保護壁《ほごへき》

レンジは、マイクロ波《は》が外《そと》にもれないようになっている。もれると効率《こうりつ》が悪《わる》いし、レンジのそばにいる人《ひと》の体《からだ》にもよくない。

1 高速調理《こうそくちょうり》

まず、タイマーで調理時間《ちょうりじかん》を決《き》める。レンジ調理《ちょうり》はとても短《みじか》くてすむので、時《じ》間《かん》の設定《せってい》がかんじんだ。

冷蔵庫《れいぞうこ》

冷蔵庫《れいぞうこ》は、食《た》べ物《もの》を冷《ひ》やして、腐《くさ》るのをふせぐとても大事《だいじ》な家電《かでん》だ。ふつうは、裏《うら》をのぞいたりしないだろうけど、ここでは、冷蔵庫《れいぞうこ》の後《うし》ろ姿《すがた》を見《み》てみよう。しくみがよくわかるよ。

冷蔵庫《れいぞうこ》は庫内《こない》の空間《くうかん》から熱《ねつ》を取《と》り去《さ》り、外《そと》へ出《だ》すはたらきをする。冷媒《れいばい》という専用《せんよう》の液体《えきたい》を、長《なが》いループ状《じょう》のパイプにつねに流《なが》している。冷媒《れいばい》は、途中《とちゅう》で液体《えきたい》から**蒸気**《じょうき》（気体《きたい》）に変《か》わり、また液体《えきたい》にもどる。気体《きたい》になるときに、食《た》べ物《もの》から熱《ねつ》を取《と》る。液体《えきたい》にもどるとき、うばった熱《ねつ》を外《そと》に出《だ》す。

1 中《なか》はいつもクール

泳《およ》いだあと、体《からだ》をぬれたままにしていると、冷《ひ》えてくるよね。これは肌《はだ》についた水《みず》が体温《たいおん》であたためられ、**蒸発**《じょうはつ》（気体《きたい》に変《か》わる）するとき熱《ねつ》を持《も》ち去《さ》るからなんだ。同《おな》じように、冷蔵庫《れいぞうこ》も、庫内《こない》の熱《ねつ》が、液状《えきじょう》の冷媒《れいばい》を気体《きたい》に変《か》えるので、庫《こ》内《ない》をひんやりさせておける。

菌《きん》よ、さよなら

どんな食《た》べ物《もの》にも菌《きん》はついている。あたたかい場所《ばしょ》では菌《きん》はすぐに育《そだ》ち、食《た》べ物《もの》を腐《くさ》らせる。冷《ひ》えた冷蔵《れいぞう》庫内《こない》では、菌《きん》の成長《せいちょう》は進《すす》まず、食《た》べ物《もの》が長《なが》く新鮮《しんせん》に保《たも》たれる。

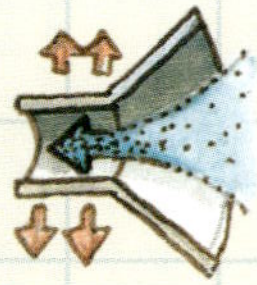

2 冷媒《れいばい》を送《おく》り込《こ》む

冷媒《れいばい》が冷凍室《れいとうしつ》に入《はい》るときは、せまい**ノズル**（膨張弁《ぼうちょうべん》）を一気《いっき》に通《とお》りぬけパイプに入《はい》る。液状《えきじょう》の冷媒《れいばい》は、パイプ内《ない》で室内《しつない》の熱《ねつ》をすべて取《と》り去《さ》り、気体《きたい》となってふくらむ。冷凍室《れいとうしつ》はどんどん冷《ひ》え、中《なか》の食品《しょくひん》は冷凍《れいとう》される。

3 コンプレッサーにもどる

冷媒《れいばい》は、冷凍室《れいとうしつ》を出《で》るとき、食《た》べ物《もの》から熱《ねつ》を運《はこ》び去《さ》る。**コンプレッサー**(小《ちい》さいポンプ状《じょう》の圧縮機《あっしゅくき》）にくると、気体《きたい》となった冷媒《れいばい》に**圧力**《あつりょく》がかかる。気体《きたい》の冷媒《れいばい》は、つぶされて液状《えきじょう》にもどり、熱《ねつ》を放出《ほうしゅつ》する。

4 熱《ねつ》を失《うしな》う

コンプレッサーを出《で》た冷媒《れいばい》は、冷《れい》蔵庫《ぞうこ》の裏《うら》で、別《べつ》のパイプをくねくねと進《すす》む。そのあいだに、気体《きたい》の冷媒《れいばい》は、コンプレッサーの圧力《あつりょく》で液体《えきたい》に変《か》わる。そのとき冷凍室《れいとうしつ》でもらった熱《ねつ》を出《だ》す。この熱《ねつ》は、パイプから出《で》て金属棒《きんぞくぼう》に伝《つた》わり、外《そと》に出《で》ていく。

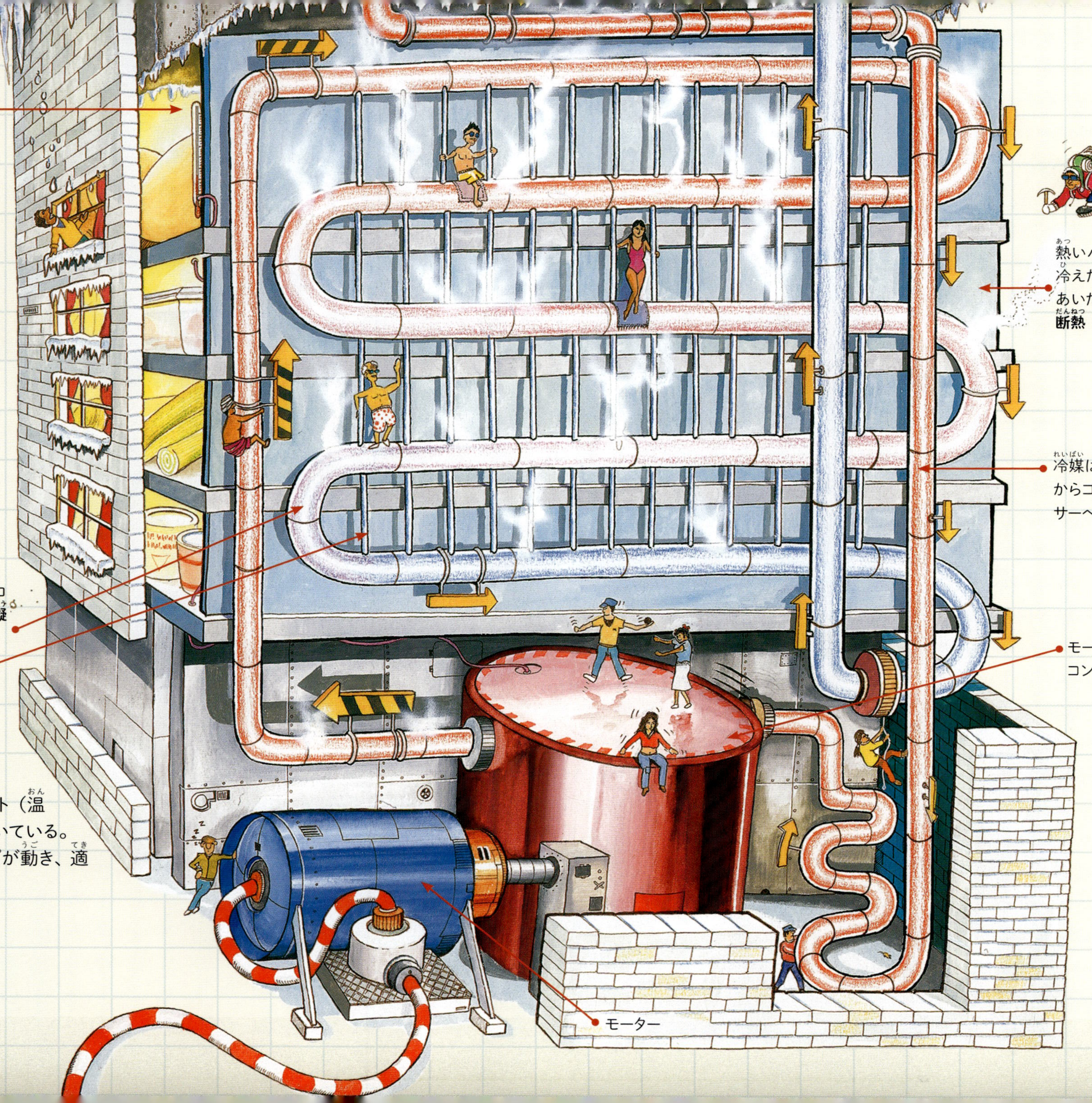

5 適温《てきおん》を保《たも》つしくみ

コンプレッサーには、サーモスタット（温《おん》度《ど》を一定《いってい》に調節《ちょうせつ》する機器《きき》）がついている。冷蔵庫《れいぞうこ》の温度《おんど》が上《あ》がると、ポンプが動《うご》き、適《てき》当《とう》な温度《おんど》まで冷《ひ》えると止《と》まる。

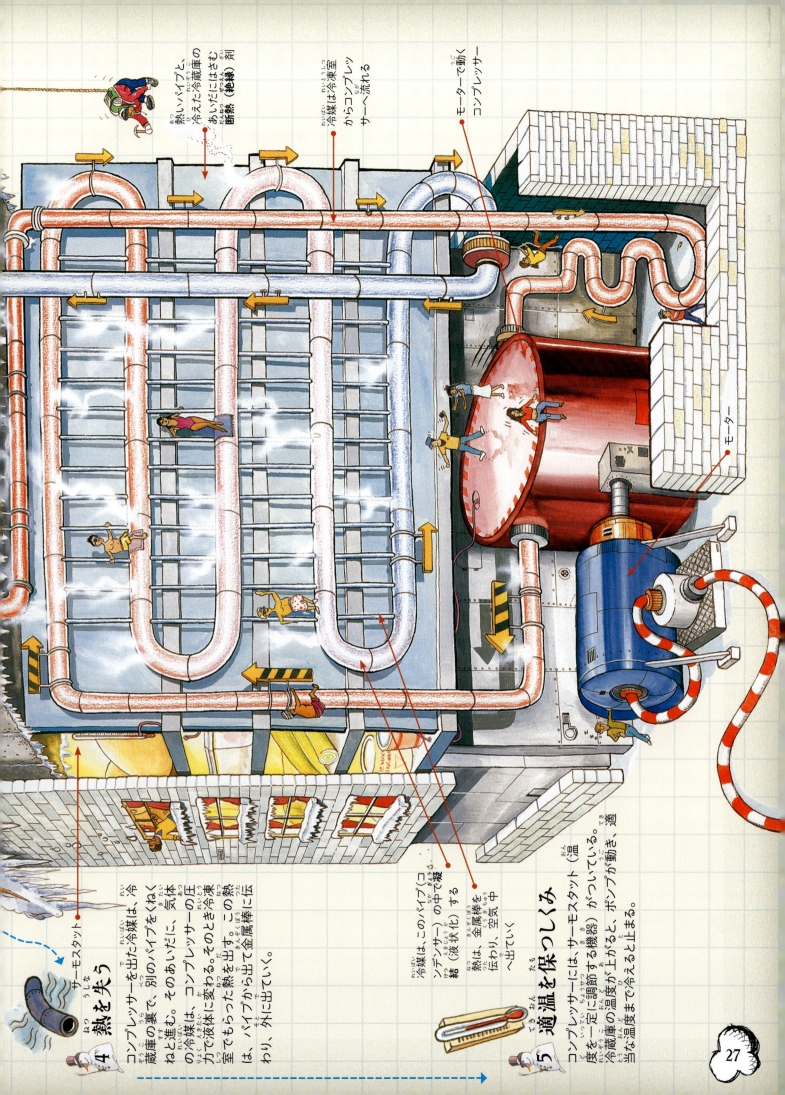

洗《せん》濯《たく》機《き》

昔《むかし》の洗濯《せんたく》は、川《かわ》や水場《みずば》に行《い》って手《て》で洗《あら》ったり、服《ふく》のよごれを、石《いし》でこすり落《お》としたりしていた。科学技術《かがくぎじゅつ》の進歩《しんぽ》で、今《いま》や洗濯《せんたく》はとても楽《らく》な家事《かじ》だ。でも、やっていることは、昔《むかし》とそんなに変《か》わらない。円筒形《えんとうけい》のドラム（洗濯槽《せんたくそう》）、ばね、駆動《くどう》ベルト、**ベアリング**（軸受《じくうけ》）などでできた洗濯機《せんたくき》に洗剤《せんざい》を入《い》れ、服《ふく》についた垢《あか》やほこりを落《お》とし、すすいで軽《かる》く乾《かわ》かすところまでやってくれる。そのあとは、乾燥機《かんそうき》へ送《おく》るか、干《ほ》して乾《かわ》かす。

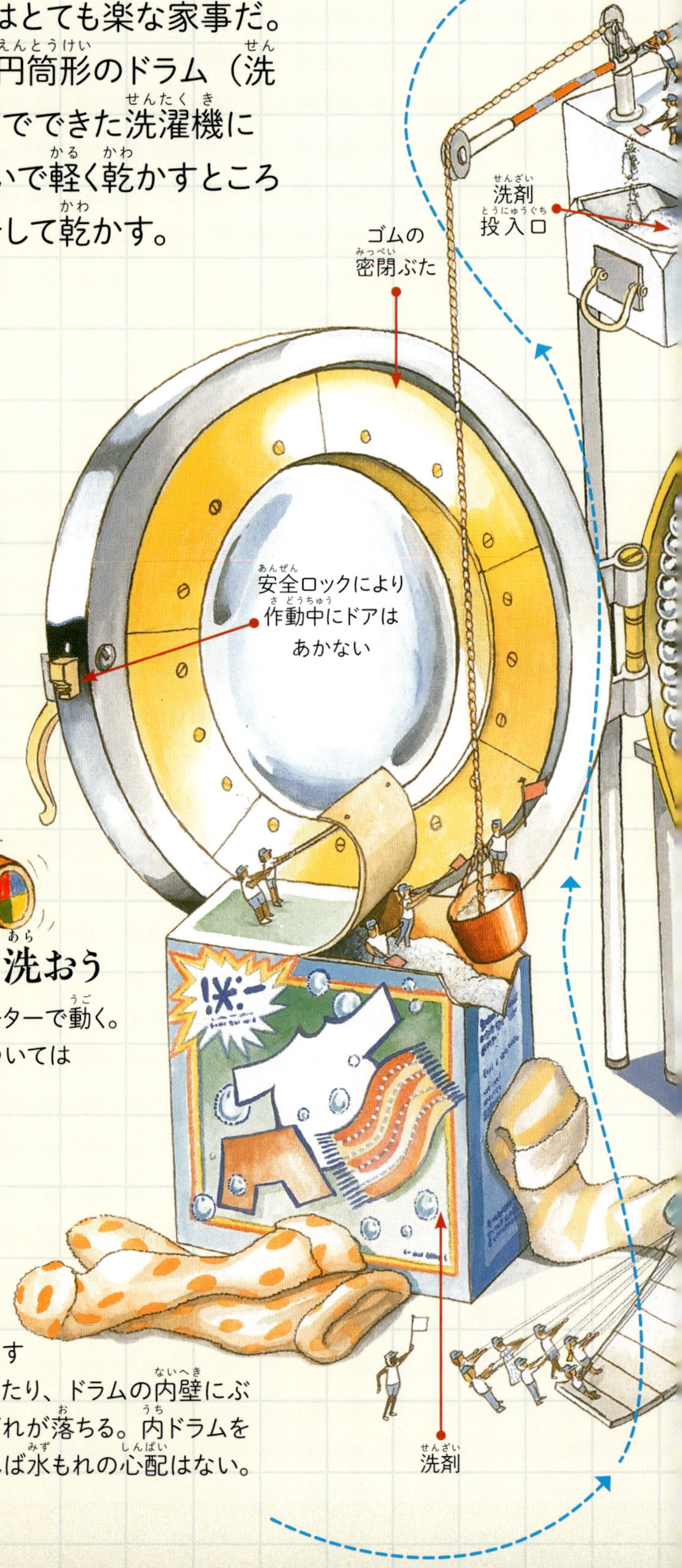

1 洗《あら》いかたを決《き》める

洗濯機《せんたくき》のコントロールパネルで、服《ふく》に合《あ》った洗《あら》いかたを選《えら》ぶ。いたみやすい生地《きじ》の服《ふく》は、ていねいな洗《あら》いかたにする。洗《あら》い終《お》わりまでの時間《じかん》、ドラムの回《まわ》る速《はや》さ、水温《すいおん》などを決《き》める。

2 洗剤《せんざい》を選《えら》ぼう

洗濯用洗剤《せんたくようせんざい》は、数十種類《すうじゅっしゅるい》の原料《げんりょう》を合成《ごうせい》してつくられている。服《ふく》に水《みず》をしみ込《こ》ませやすくしたり、しみやよごれを落《お》としやすくするためだ。**酵素**《こうそ》（油《あぶら》よごれや血液《けつえき》のしみなどを落《お》とすのに役立《やくだ》つ化学物質《かがくぶっしつ》）の入《はい》った洗剤《せんざい》も多《おお》い。

3 さあ、洗《あら》おう

洗濯機《せんたくき》はモーターで動《うご》く。（モーターについてはP47参照《さんしょう》）

4 ドラム式《しき》とは

スイッチを入《い》れると、ベルトとボールベアリングがはたらき、内側《うちがわ》のドラムがスムーズに回《まわ》りだす。内《うち》ドラムには穴《あな》がたくさんあいていて、中《なか》にたまった水《みず》が出入《でい》りする。ドラムの回転《かいてん》に合《あ》わせ、中《なか》の服《ふく》は重《かさ》なったりはなれたり、ドラムの内壁《ないへき》にぶつかったりして、洗剤《せんざい》の溶《と》けた水中《すいちゅう》でかき回《まわ》され、よごれが落《お》ちる。内《うち》ドラムをおおう外《そと》ドラムは、動《うご》かないよう固定《こてい》され、ふたをしめれば水《みず》もれの心配《しんぱい》はない。

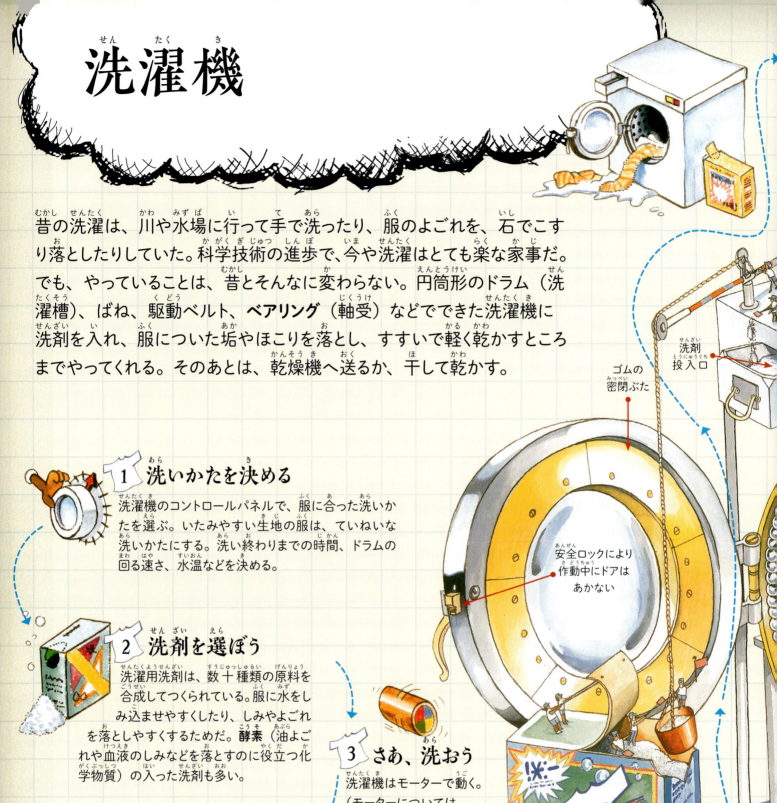

5 水《みず》を外《そと》に出《だ》す

水《みず》は、水道《すいどう》の水圧《すいあつ》で流《なが》れ込《こ》み、洗《あら》い終《お》われば捨《す》てなければならない。よごれた水《みず》は、外《そと》ドラムから排水管《はいすいかん》へ、フィルターを通《とお》したのち、ポンプでくみ出《だ》される。

6 ばねのはたらき

水《みず》を捨《す》てたら、ドラムの回転《かいてん》で服《ふく》を乾《かわ》かす。ドラムは1分間《ぷんかん》に約《やく》1000回《かい》以《い》上《じょう》回《まわ》る。中《なか》で服《ふく》がかたよると、ドラムの揺《ゆ》れ（振動《しんどう》）ははげしくなる。強力《きょうりょく》なばねを組《く》みこんで、揺《ゆ》れをやわらげたり、重《おも》しを取《と》りつけて、洗濯機《せんたくき》の振動《しんどう》を抑《おさ》えている。

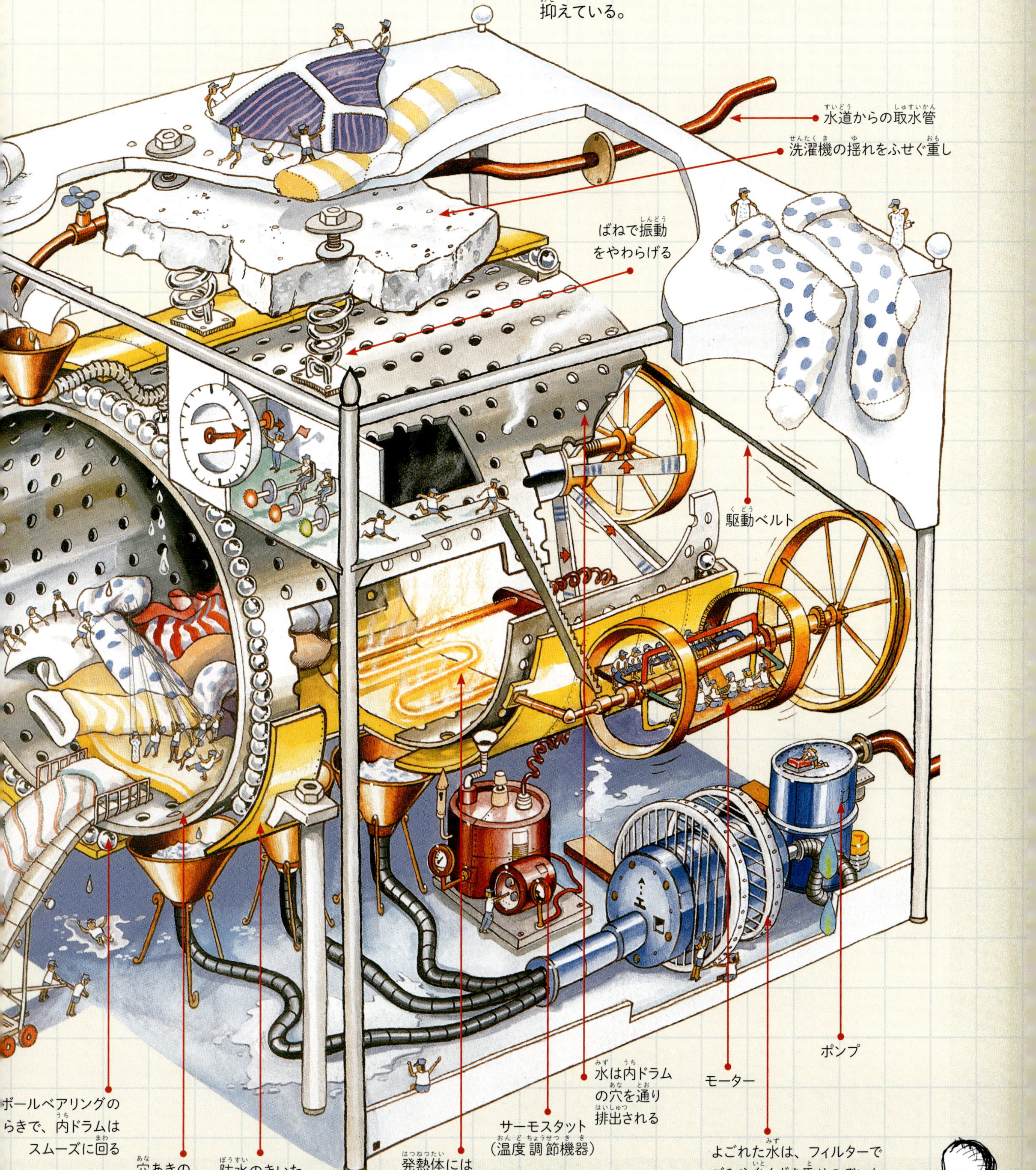

ポップアップ式《しき》トースター

朝《あさ》はトーストを食《た》べるっていうきみには、トースターは大事《だいじ》な家電《かでん》だね。パンをこんがりと焼《や》き、ほどよく焼《や》けたらポンと出《だ》す。下《した》の透視図《とうしず》を見《み》ると、トースト好《ず》きな人《ひと》の疑問《ぎもん》が解《と》けるよ。パンが焼《や》けたことがトースターになぜ伝《つた》わるか？　カギはバイメタル（2層金属《そうきんぞく》）板《ばん》という小《ちい》さな部品《ぶひん》にある。これが温度《おんど》に合《あ》わせて曲《ま》がって、トーストを押《お》し下《さ》げる留《と》め金《がね》をゆるめるため、パンはこげる前《まえ》に飛《と》び出《だ》すんだ。

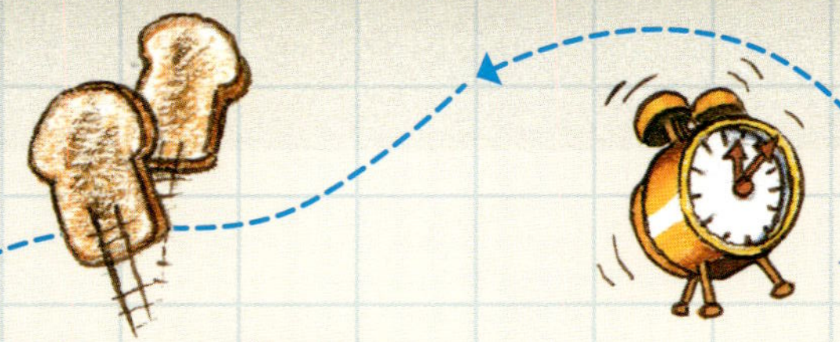

6 焼《や》きたてをどうぞ

パンをトースターに入《い》れ、レバーを下《さ》げると、両側《りょうがわ》の金属《きんぞく》ばねが下《した》にのびる。するとレバーに近《ちか》い留《と》め金《がね》が、ちょうつがいのある金属《きんぞく》バーにひっかかり、パンは下《さ》がったままになる。パンが焼《や》けるとこの金属《きんぞく》バーが動《うご》いてはずれ、ばねは縮《ちぢ》み、こんがりきつね色《いろ》のトーストが、ポンと飛《と》び出《だ》す。

5 タイマーならもっと確実《かくじつ》

バイメタル式《しき》ではなく、タイマーがついているトースターもある。タイマーの目盛《めも》りがゼロにもどればスイッチが入《はい》り、電《でん》磁石《じしゃく》に電気《でんき》が流《なが》れる。（電磁石《でんじしゃく》についてはP58参照《さんしょう》）

4 留《と》め金《がね》を引《ひ》きよせる

電気《でんき》がワイヤー（コイル）を流《なが》れると、強力《きょうりょく》な磁界《じかい》ができる。この磁界《じかい》が、金属《きんぞく》の留《と》め金《がね》を引《ひ》きつけ、パンを押《お》し下《さ》げていたバーがはずれる。

1 電源《でんげん》を入《い》れる

パンは、中《なか》の電熱線《でんねつせん》の熱《ねつ》で焼《や》ける。電《でん》熱線《ねつせん》は、熱《ねつ》を通《とお》さないおおいで囲《かこ》まれ、熱《ねつ》は、はね返《かえ》ってパンに当《あ》たるので、外側《そとがわ》は熱《あつ》くならない。

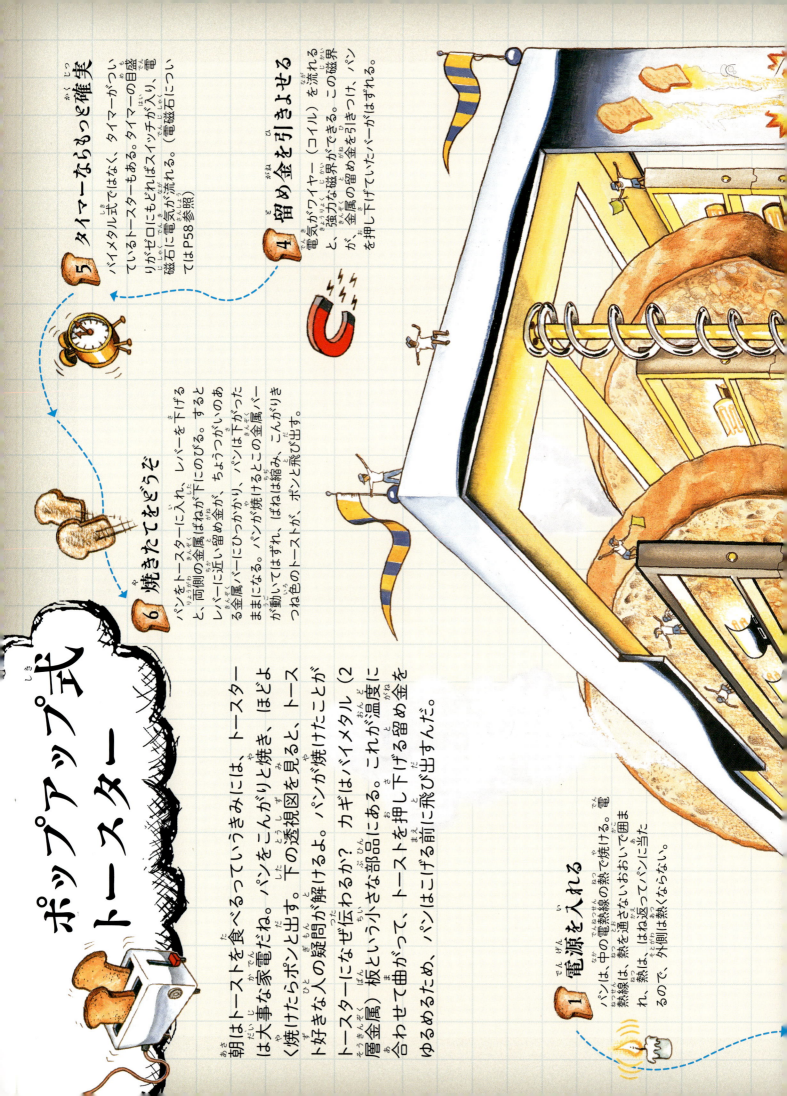

2 熱《ねつ》で曲《ま》がる

小《ちい》さなバイメタル板《ばん》は、トースターのかなめの部品《ぶひん》だ。2種類《しゅるい》の金属《きんぞく》をはり合《あ》わせてあり、トースターが熱《あつ》くなると、片方《かたほう》の金属《きんぞく》が、もう一方《いっぽう》の金属《きんぞく》より膨張《ぼうちょう》するので、板《いた》が曲《ま》がる。やがて曲《ま》がった板《いた》は、接点《せってん》にふれる。すると、電流《でんりゅう》が電磁石《でんじしゃく》のまわりのワイヤー（コイル）に流《なが》れ、パン受《う》けをおさえる留《と》め金《がね》がはずれる。

3 焼《や》きかたはお好《この》みで

焼《や》き色調節《いろちょうせつ》つまみは、バイメタル板《ばん》から接点《せってん》までの距離《きょり》を決《き》める。遠《とお》いと、板《いた》がなかなか接点《せってん》にふれず、焼《や》き色《いろ》がよくつく。

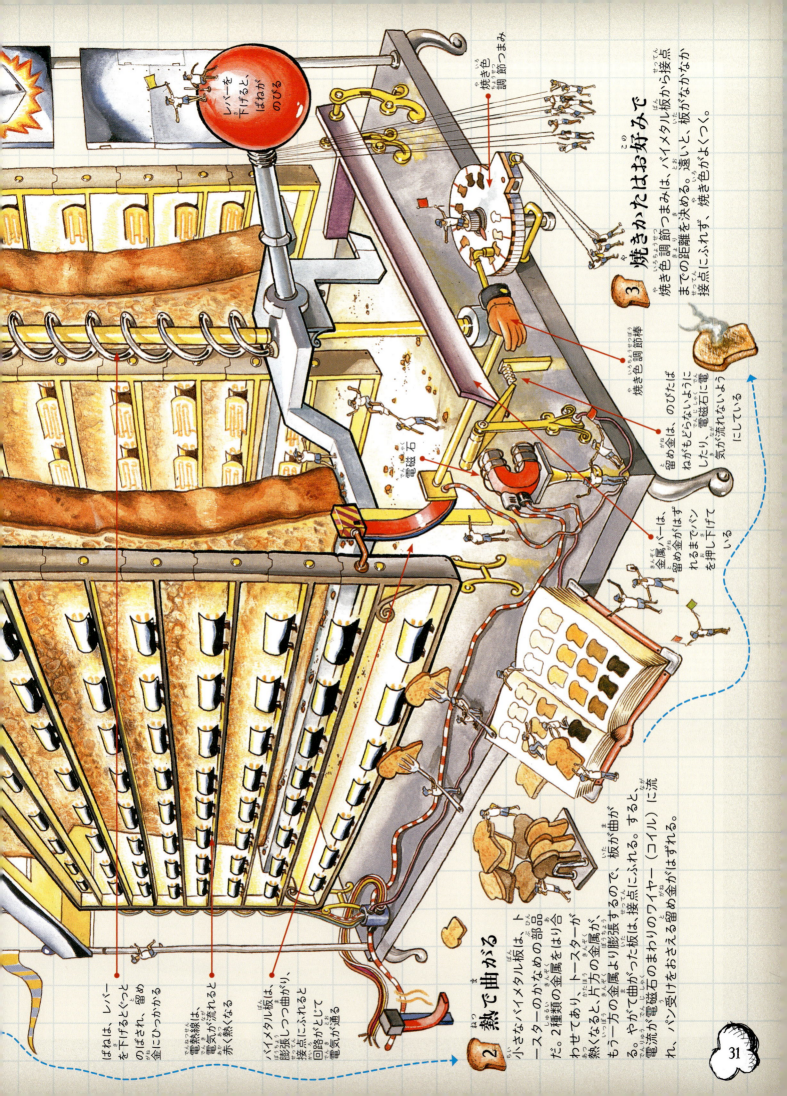

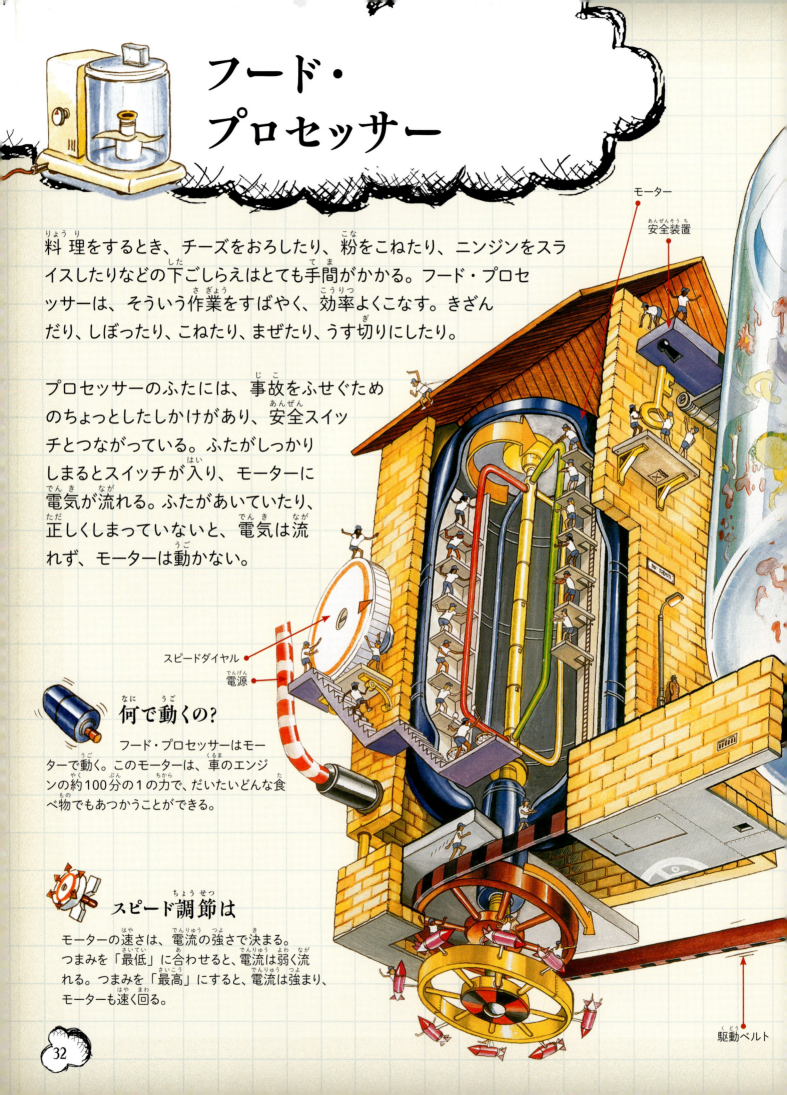

フード・プロセッサー

料理《りょうり》をするとき、チーズをおろしたり、粉《こな》をこねたり、ニンジンをスライスしたりなどの下《した》ごしらえはとても手間《てま》がかかる。フード・プロセッサーは、そういう作業《さぎょう》をすばやく、効率《こうりつ》よくこなす。きざんだり、しぼったり、こねたり、まぜたり、うす切《ぎ》りにしたり。

プロセッサーのふたには、事故《じこ》をふせぐためのちょっとしたしかけがあり、安全《あんぜん》スイッチとつながっている。ふたがしっかりしまるとスイッチが入《はい》り、モーターに電気《でんき》が流《なが》れる。ふたがあいていたり、正《ただ》しくしまっていないと、電気《でんき》は流《なが》れず、モーターは動《うご》かない。

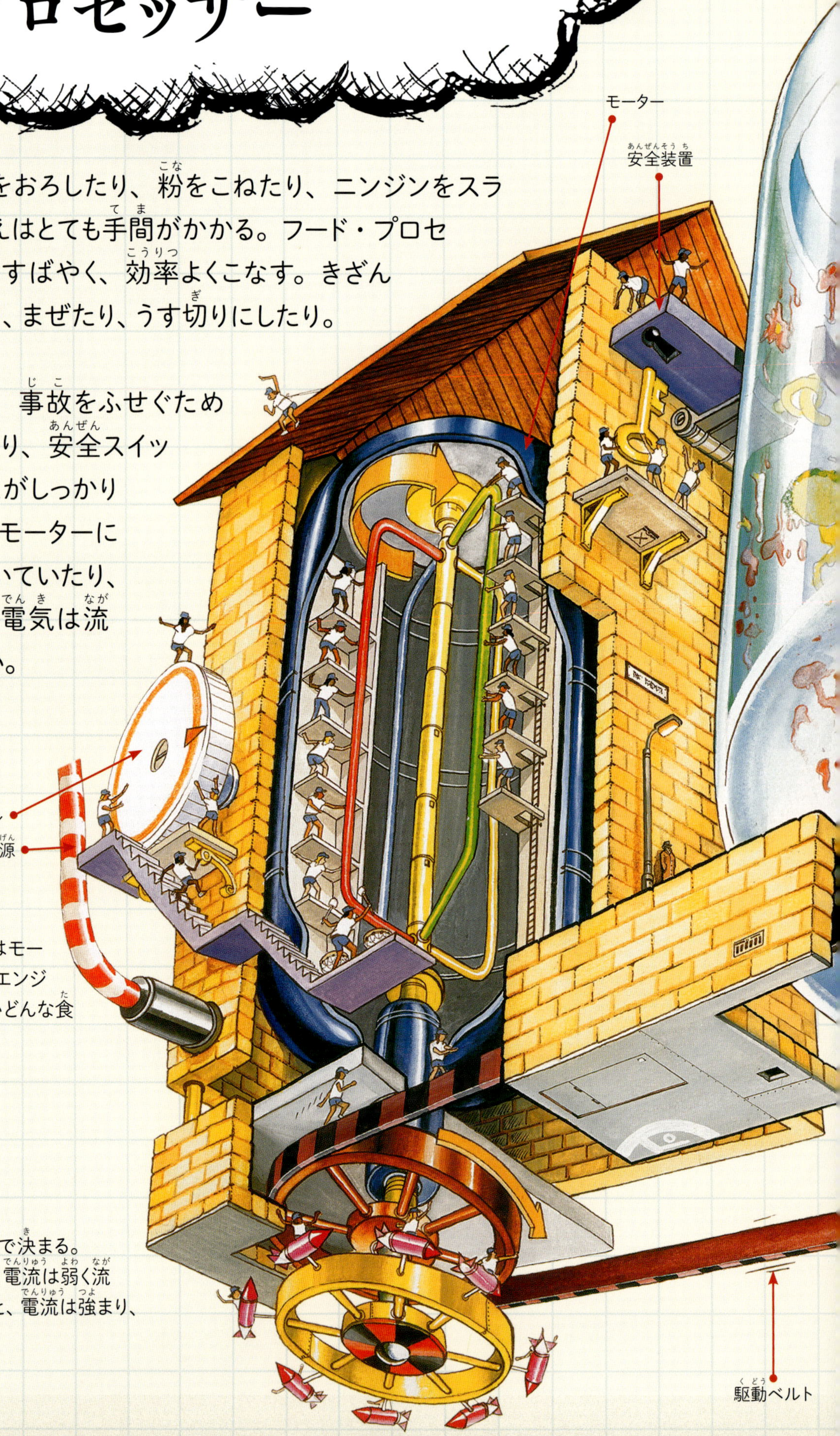
モーター
安全装置《あんぜんそうち》
スピードダイヤル
電源《でんげん》
駆動《くどう》ベルト

何《なに》で動《うご》くの?

フード・プロセッサーはモーターで動《うご》く。このモーターは、車《くるま》のエンジンの約《やく》100分《ぶん》の1の力《ちから》で、だいたいどんな食《た》べ物《もの》でもあつかうことができる。

スピード調節《ちょうせつ》は

モーターの速《はや》さは、電流《でんりゅう》の強《つよ》さで決《き》まる。つまみを「最低《さいてい》」に合《あ》わせると、電流《でんりゅう》は弱《よわ》く流《なが》れる。つまみを「最高《さいこう》」にすると、電流《でんりゅう》は強《つよ》まり、モーターも速《はや》く回《まわ》る。

ピザをつくる

電話《でんわ》1本《ぽん》で食《た》べ物《もの》が届《とど》くデリバリーサービス（出前《でまえ》）は、世界中《せかいじゅう》の国《くに》にある。たとえばピザを注文《ちゅうもん》すると、ピザ屋《や》さんが世界《せかい》のあちこちから集《あつ》めた食材《しょくざい》でピザをつくり、1時間《じかん》もたたないうちに焼《や》きたてのピザが届《とど》く。このページを左右《さゆう》にあけると、その流《なが》れがよくわかるよ。

世界中《せかいじゅう》の食材《しょくざい》が

昔《むかし》は、地元《じもと》でとれたりつくったりした食《た》べ物《もの》を食《た》べるのがふつうだった。今《いま》でも、そういう食《た》べかたをする土地《とち》はたくさんある。大都市《だいとし》から遠《とお》い地域《ちいき》はとくにそう。でも北《きた》アメリカ、ヨーロッパの各《かっ》国《こく》、日本《にほん》、オーストラリアなどでは、世界中《せかいじゅう》の食《た》べ物《もの》を食《た》べている。朝食《ちょうしょく》のテーブルを見《み》てごらん。オレンジジュースはアメリカのフロリダ産《さん》、パンの原料《げんりょう》の小麦《こむぎ》はインド産《さん》、バターはニュージーランド産《さん》、アプリコットジャムはスペイン産《さん》かもしれない！

ピザのデリバリー、すぐに届《とど》くのはなぜ？

何《なに》を注文《ちゅうもん》する？

デリバリーできる料理《りょうり》はいろいろあって、選《えら》ぶのになやむほど！　ピザをはじめ、インドカレー、中華料理《ちゅうかりょうり》、アメリカで人気《にんき》のハンバーガー、イタリア発《はつ》のパスタなど。今日《きょう》は、チーズ&トマト、アンチョビ（カタクチイワシ）のトッピングを加《くわ》えたピザを注文《ちゅうもん》しよう……え、気《き》に入《い》らない？　だいじょうぶ、メニューはいろいろ、ほかにもあるよ。

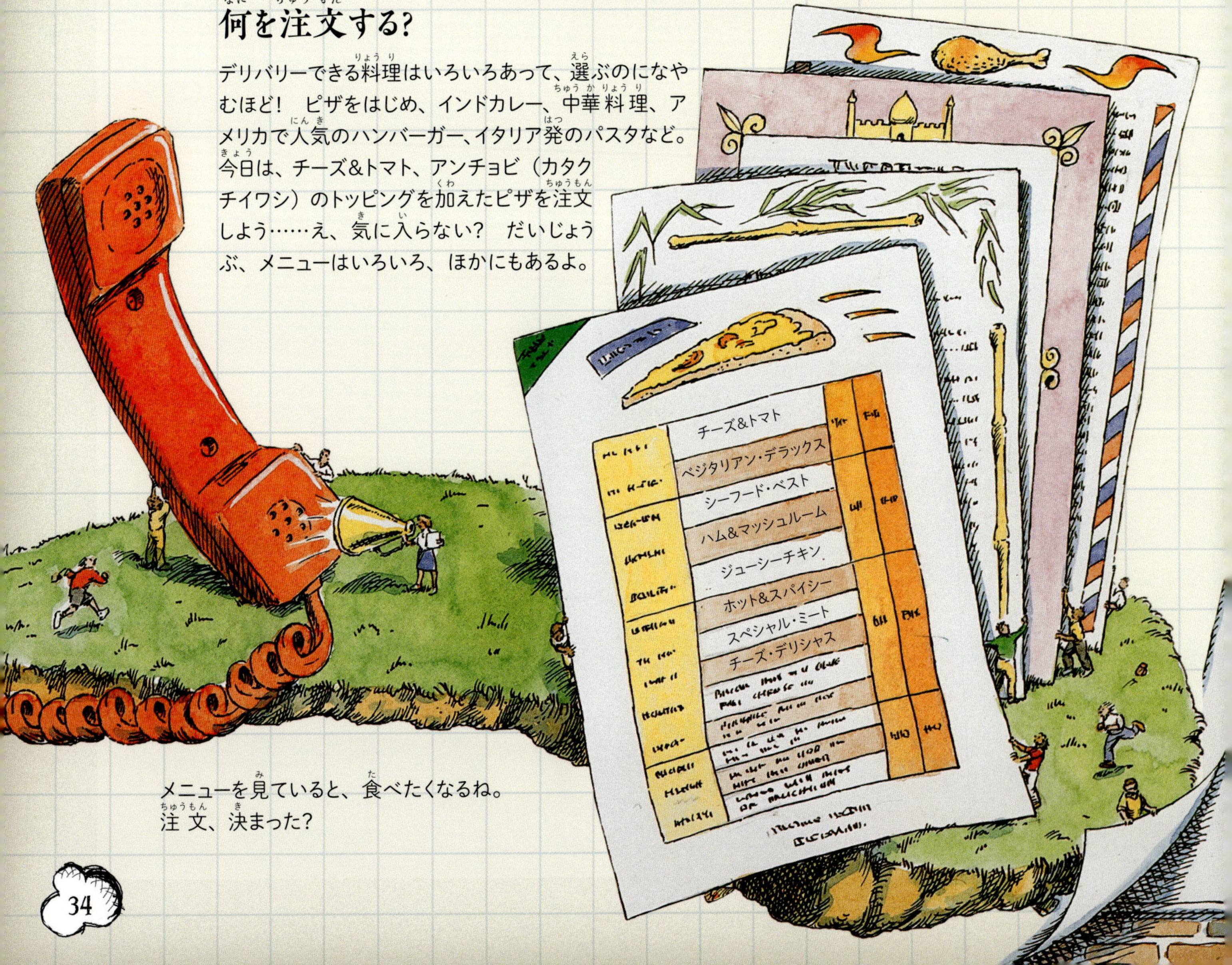

メニューを見《み》ていると、食《た》べたくなるね。注文《ちゅうもん》、決《き》まった？

生地《きじ》の原料《げんりょう》はどこから?

小麦《こむぎ》

種《たね》から育《そだ》て、実《みの》った麦《むぎ》の穂《ほ》を刈《か》りとる。

脱穀《だっこく》する
（からざおで打《う》つ）

もみ殻《がら》から
麦粒《むぎつぶ》を
ふるって出《だ》す

麦《むぎ》は粉々《こなごな》にすりつぶされ、細《こま》かい粉末《ふんまつ》となる。昔《むかし》は、重《おも》い石臼《いしうす》で粉《こな》をひいた。この粉《こな》が、ピザ生地《きじ》をつくるときの小麦粉《こむぎこ》となる。

塩《しお》

岩塩《がんえん》は地中《ちちゅう》にある。岩塩《がんえん》鉱山《こうざん》では、岩塩《がんえん》を巨大《きょだい》なかたまりで切《き》りだす。

塩《しお》のかたまりはすりつぶされ、ごく小《ちい》さい塩《しお》の結晶《けっしょう》になったものを乾《かわ》かし、袋《ふくろ》づめする。

ピザ屋《や》さんに塩《しお》が届《とど》いたら、入《い》れ物《もの》に移《うつ》しかえて使《つか》う

イースト

イーストは菌《きん》の一種《いっしゅ》。あたためた容器《ようき》で育《そだ》てる。

じゅうぶん育《そだ》ったら容器《ようき》から出《だ》し、乾《かわ》かしてかたまりに切《き》り分《わ》ける（固形《こけい》イースト）。

固形《こけい》イーストのパックは店《みせ》で売《う》られる。

オリーブオイル

オリーブの木《き》は、温暖《おんだん》な国《くに》（地方《ちほう》）を好《この》む。

木《き》から実《み》をもぎ、ねじ式《しき》プレス機《き》でしぼる。

しぼった汁《しる》をびんに集《あつ》める。これがオリーブオイル。

ピザ屋《や》さんでは、オリーブオイルが欠《か》かせない。

砂糖《さとう》

砂糖《さとう》は、サトウキビという植 物《しょくぶつ》からとれる。じゅうぶん育《そだ》ったら茎《くき》を刈《か》る。

茎《くき》をつぶして汁《しる》をしぼりとる。汁《しる》を煮《に》つめると水分《すいぶん》は蒸発《じょうはつ》し、砂糖《さとう》の結晶《けっしょう》がのこる。

結 晶 化《けっしょうか》させた砂糖《さとう》のかたまりから切《き》りだして、こまかいかたまりにする。

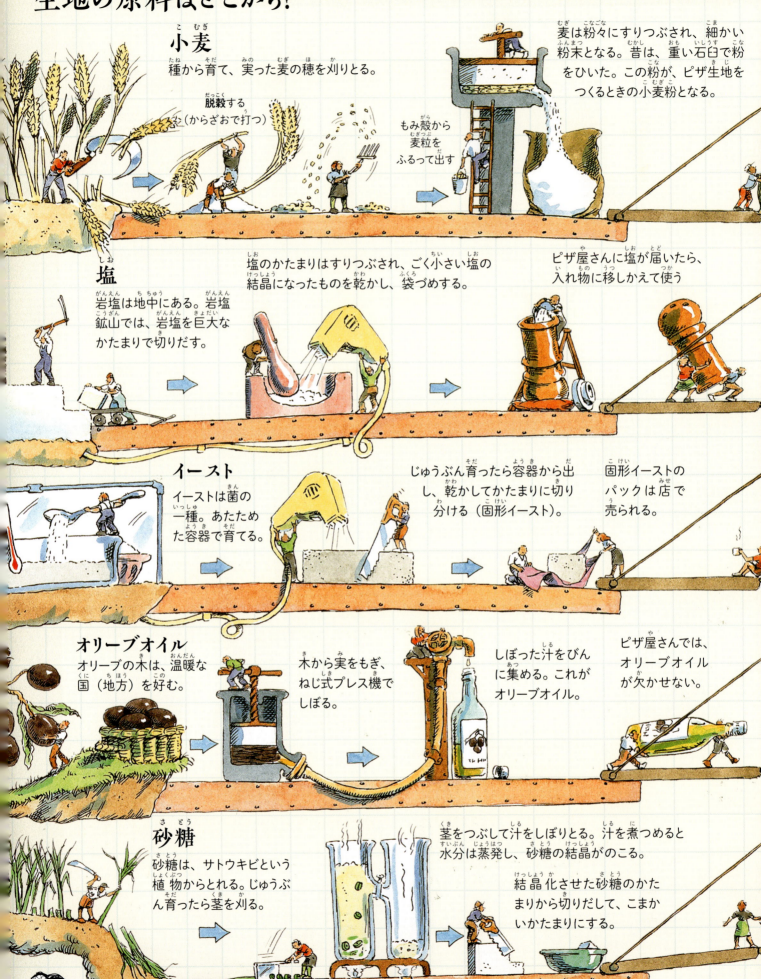

ピザができるまで

ピザが届《とど》くのに1時間《じかん》っていわれたら、待《ま》ち遠《どお》しいかもしれないけれど、そもそも、原料《げんりょう》を育《そだ》てて収穫《しゅうかく》するまでを考《かんが》えたら、1年《ねん》がかりだよ。

1 注文《ちゅうもん》が入《はい》った

ピザ屋《や》さんは、注文《ちゅうもん》を受《う》けるとすぐつくりはじめる。イースト、砂糖《さとう》、水《みず》、小麦粉《こむぎこ》少々《しょうしょう》をまぜ、まぜたものをねかせる。

2 ふくらむかな

イーストは糖《とう》を**発酵**《はっこう》させる。発酵《はっこう》とは、糖《とう》がアルコールとなり、二酸化炭素《にさんかたんそ》のあわを出《だ》すこと。さっきまぜたものはあわだらけになる。

3 すごいぞ、あわの力《ちから》

発酵《はっこう》した生地《きじ》のもとをボウルに入《い》れ、オリーブオイル、塩少々《しおしょうしょう》、小麦粉《こむぎこ》をたっぷりまぜこみ、生地《きじ》をつくる。生地《きじ》にできたあわは、無数《むすう》にふくらんだごく小《ちい》さい風船《ふうせん》のようだ。このあわが生《き》地《じ》を軽《かる》くふんわりとさせる。あわが少《すく》ないと、生地《きじ》はどっしり重《おも》くなる。

4 こねてこねて

生地《きじ》を台《だい》においてこねる。押《お》しつぶしたりひねったりして、生地《きじ》をなめらかなかたまりにする。

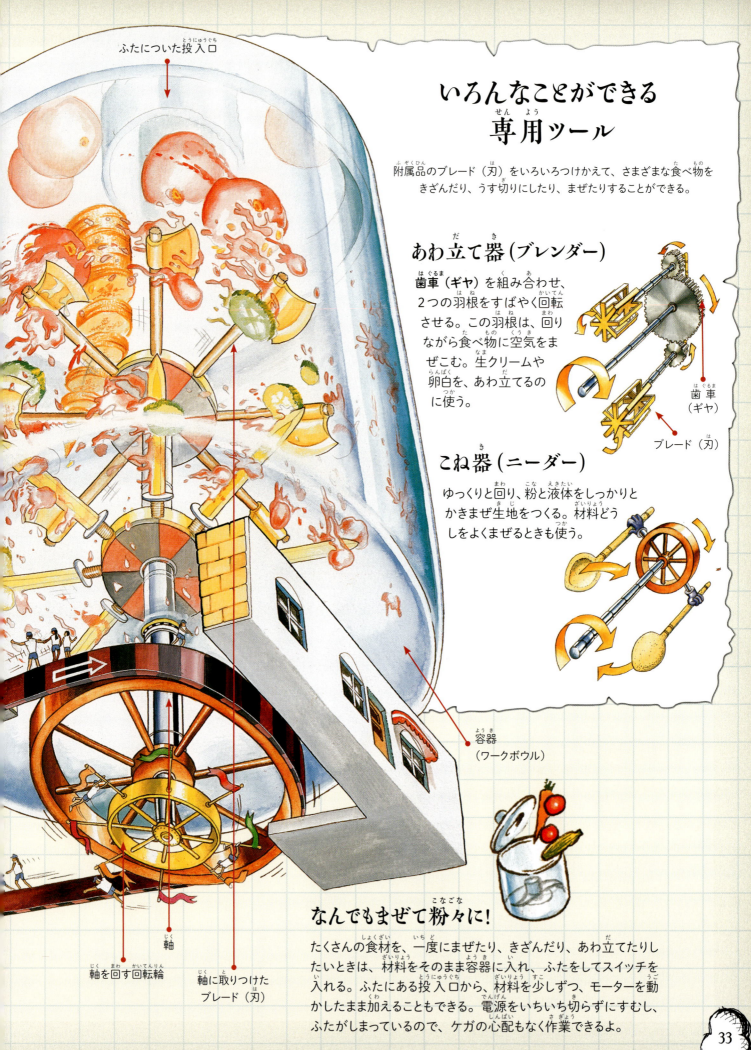

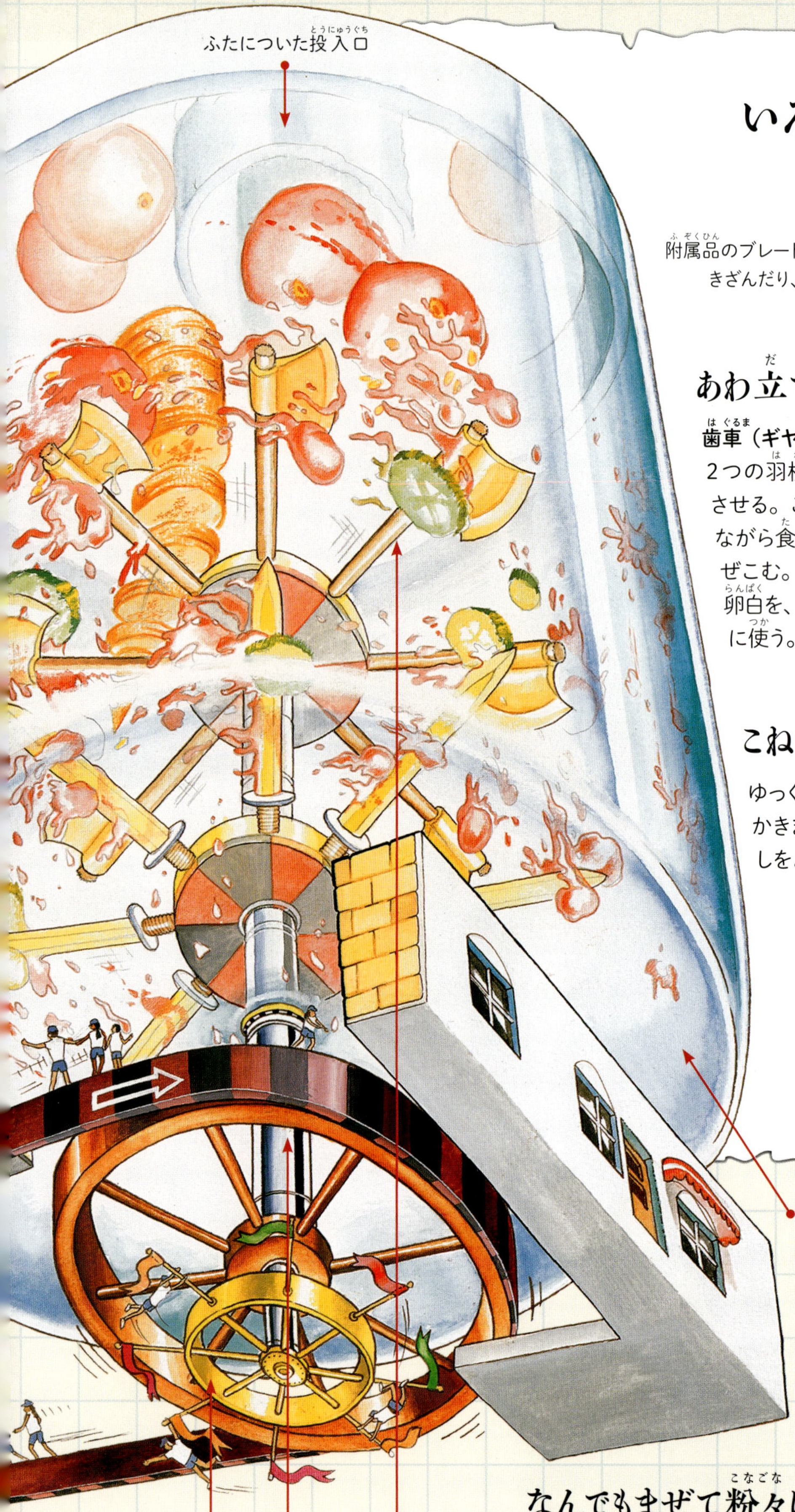
ふたについた投入口《とうにゅうぐち》
容器《ようき》
（ワークボウル）
軸《じく》
軸《じく》を回《まわ》す回転輪《かいてんりん》
軸《じく》に取《と》りつけた
ブレード（刃《は》）

いろんなことができる 専用《せんよう》ツール

附属品《ふぞくひん》のブレード（刃《は》）をいろいろつけかえて、さまざまな食《た》べ物《もの》をきざんだり、うす切《ぎ》りにしたり、まぜたりすることができる。

あわ立《だ》て器《き》(ブレンダー)

歯車《はぐるま》（ギヤ）を組《く》み合《あ》わせ、2つの羽根《はね》をすばやく回転《かいてん》させる。この羽根《はね》は、回《まわ》りながら食《た》べ物《もの》に空気《くうき》をまぜこむ。生《なま》クリームや卵白《らんぱく》を、あわ立《だ》てるのに使《つか》う。

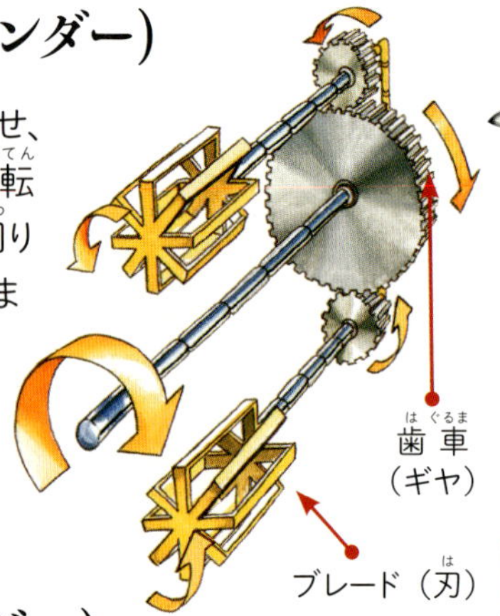
歯車《はぐるま》
（ギヤ）
ブレード（刃《は》）

こね器《き》(ニーダー)

ゆっくりと回《まわ》り、粉《こな》と液体《えきたい》をしっかりとかきまぜ生地《きじ》をつくる。材料《ざいりょう》どうしをよくまぜるときも使《つか》う。

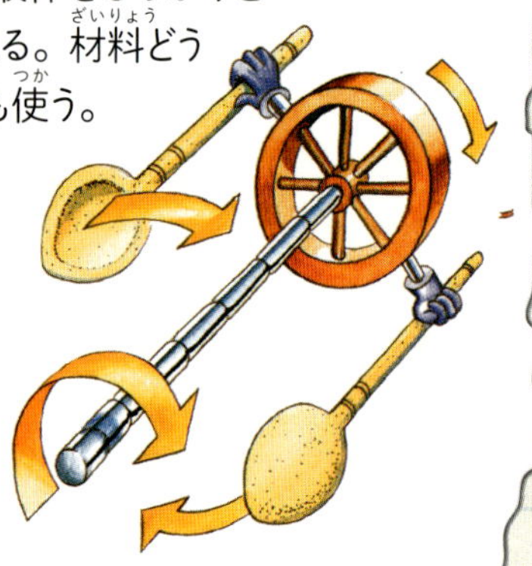

なんでもまぜて粉々《こなごな》に!

たくさんの食材《しょくざい》を、一度《いちど》にまぜたり、きざんだり、あわ立《だ》てたりしたいときは、材料《ざいりょう》をそのまま容器《ようき》に入《い》れ、ふたをしてスイッチを入《い》れる。ふたにある投入口《とうにゅうぐち》から、材料《ざいりょう》を少《すこ》しずつ、モーターを動《うご》かしたまま加《くわ》えることもできる。電源《でんげん》をいちいち切《き》らずにすむし、ふたがしまっているので、ケガの心配《しんぱい》もなく作業《さぎょう》できるよ。

掃除機《そうじき》

家《いえ》の中《なか》には、いつも見《み》えない空気《くうき》の流《なが》れがあり、一日《いちにち》でちりやほこりが積《つ》もる。ドアや窓《まど》をあけたときに入《はい》るほこりもあるけれど、着《き》ている服《ふく》から落《お》ちる細《こま》かい繊維《せんい》くずや、人間《にんげん》の皮《ひ》ふからはがれ落《お》ちる、ごく小《ちい》さいかけらなどが多《おお》い。家《いえ》の中《なか》は掃除《そうじ》しないと、すぐにあちこちほこりだらけになる。そこで登場《とうじょう》するのが掃除機《そうじき》だ。**吸引力《きゅういんりょく》**を生《う》むしくみで、ほこりの粒子《りゅうし》を紙《かみ》パックの袋《ふくろ》に集《あつ》め、袋《ふくろ》ごと捨《す》てられる。

3 ほこりを中《なか》へ

掃除機《そうじき》に吸《す》いとられたカーペットのほこりは、パイプを通《とお》り、内部《ないぶ》の紙《かみ》パックへ送《おく》られる。

4 ものをいう吸引力《きゅういんりょく》

この掃除機《そうじき》では、紙《かみ》パックは上部《じょうぶ》のダストボックスにセットされ、フィルターがつく。ボックスは空気《くうき》がもれないようにできているが、紙《かみ》パックにはごく小《ちい》さい穴《あな》があり、空気《くうき》は穴《あな》を通《とお》してパックの外《そと》、下部《かぶ》のファンへと出《で》ていく。スイッチを入《い》れると、ファンはボックス内《ない》の空気《くうき》を一気《いっき》に吸《す》い出《だ》し、真空《しんくう》に近《ちか》い状態《じょうたい》にする。すると吸引力《きゅういんりょく》がはたらき、パイプからきた空気《くうき》とほこりが紙《かみ》パックに入《はい》る。

5 ごみでいっぱい?

掃除機《そうじき》のスイッチを入《い》れるたびに、紙《かみ》パックは風船《ふうせん》のようにパンパンにふくらむよ。これはパック内《ない》の空気《くうき》の圧力《あつりょく》（気《き》圧《あつ》）が、まわりの部分《ぶぶん》より高《たか》いからなんだ。

6 紙《かみ》パックを交換《こうかん》しよう

紙《かみ》パックは特別《とくべつ》な素材《そざい》を使《つか》っており、空気《くうき》は通《とお》りぬけても、ごみやほこりは中《なか》にのこす。ごみでいっぱいになると、空気《くうき》の通《とお》りが悪《わる》くなる。すると吸引力《きゅういんりょく》は弱《よわ》まり、ごみをよく吸《す》いとれない。

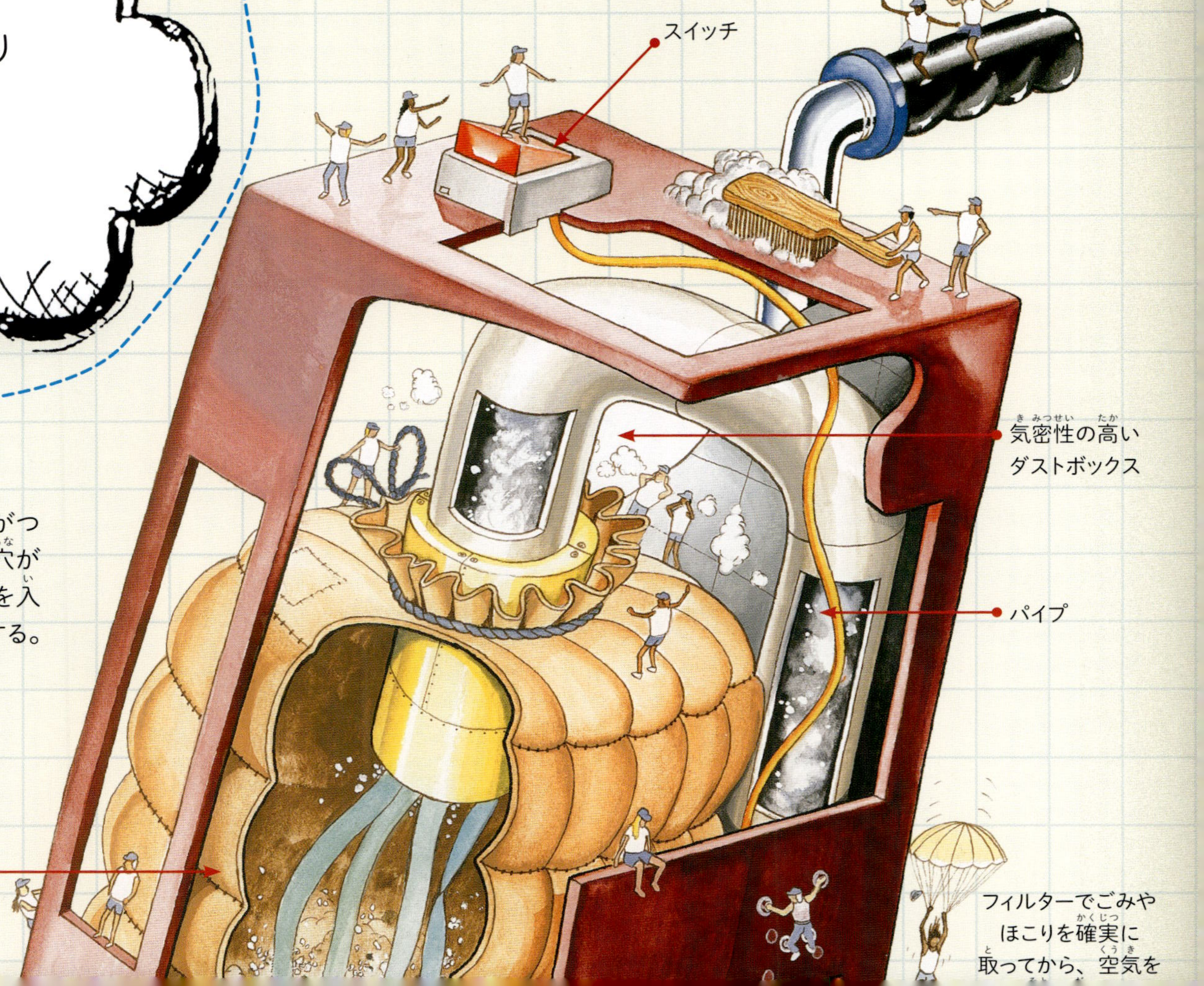

スイッチ
気密性《きみっせい》の高《たか》い
ダストボックス
パイプ
紙《かみ》パックはごみやほこりをため、空気《くうき》は通《とお》りぬけさせる
ファンは、気密性《きみっせい》の高《たか》いダストボックス内《ない》
フィルターでごみやほこりを確実《かくじつ》に取《と》ってから、空気《くうき》を

5 回《まわ》せ回《まわ》せ

生《き》地《じ》がまとまってきたら、回《まわ》して円盤《えんばん》の形《かたち》にする。ベテランのピザ職人《しょくにん》なら、1本《ぽん》の指《ゆび》で回《まわ》しちゃうよ！

6 何《なに》をのせる？

まず、表面《ひょうめん》にトマトペーストをぬる。
このピザには、モッツァレラチーズとアンチョビをのせよう。

7 さあ、焼《や》こう

ピザを焼《や》く専用《せんよう》のオーブン（窯《かま》）がある。火《ひ》が均等《きんとう》に回《まわ》ってよく焼《や》けるんだ。熱《あつ》くなると生《き》地《じ》のあわがふくらみ、ピザをふっくらと軽《かる》い焼《や》きあがりにする。

8 焼《や》きたて

オーブンから出《だ》すと、生《き》地《じ》はほどよく焼《や》け、のせた具《ぐ》はあつあつ。

9 切《き》れ目《め》を入《い》れて

ピザを紙箱《かみばこ》に入《い》れ、ピザ用《よう》カッターで切《き》れ目《め》を入《い》れる。ギザギザの歯《は》がついた車輪《しゃりん》のようなカッターだ。うん、もういいにおいがしてきた。

10 さあ急《いそ》げ！

配達《はいたつ》の人《ひと》は、きみのピザを車《くるま》に積《つ》んで住所《じゅうしょ》を確《たし》かめ、家《いえ》に届《とど》ける。

11 ピザがきた

ドアのチャイムが鳴《な》った。お待《ま》ちかねのピザだ。紙箱《かみばこ》をあけると……お気《き》に入《い》りのピザがあつあつの食《た》べごろ。さあ、めしあがれ。

ピザの具《ぐ》に注目《ちゅうもく》

モッツァレラチーズ

牛《うし》の乳《ちち》（ミルク）は熱《ねっ》して殺菌《さっきん》する。

ミルクに酵素《こうそ》をまぜると凝固《ぎょうこ》して、凝乳《ぎょうにゅう》（カード）と乳清《にゅうせい》（ホエー）ができる。

凝乳《ぎょうにゅう》を乳清《にゅうせい》と分《わ》け、型《かた》に入《い》れておくとチーズになる。

たまご形《がた》のチーズのかたまりは、ビニール袋《ぶくろ》に入《い》れて店《みせ》で売《う》る。水《みず》を入《い》れるのは、チーズを新鮮《しんせん》に保《たも》つため。

トマト

トマトのつるに実《み》がついたら収穫《しゅうかく》する。

実《み》はやわらかく煮《に》て裏《うら》ごしする。

どろどろの果肉《かにく》は、熱《ねっ》してペースト状《じょう》にし、缶《かん》につめる。

アンチョビ（カタクチイワシ）

アンチョビは、海《うみ》で目《め》の細《こま》かい網《あみ》を使《つか》ってとる。水産物加工場《すいさんぶつかこうじょう》に運《はこ》ばれ、骨《ほね》を取《と》り、食《た》べやすい大《おお》きさにカットされる。

水産物加工場《すいさんぶつかこうじょう》

オリーブオイルなど植物性《しょくぶつせい》オイルを加《くわ》えて魚《さかな》を新鮮《しんせん》に、乾燥《かんそう》させないようにする。

缶《かん》につめる。

ピザの中《なか》には

ピザはおいしいだけじゃなく、栄養《えいよう》もいっぱい。トマト、チーズ、イースト（酵母菌《こうぼきん》）、小麦粉《こむぎこ》、ビタミンの豊富《ほうふ》なアンチョビ（カタクチイワシ）などはどれも、元気《げんき》に活動《かつどう》し健康《けんこう》を保《たも》つのに必要《ひつよう》な食《た》べ物《もの》だ。

ピザの原料《げんりょう》はどこからくるの?

ピザの原料《げんりょう》は、小麦粉《こむぎこ》、イースト（酵母菌《こうぼきん》）、砂糖《さとう》、トマト、塩《しお》、オリーブオイル、モッツァレラチーズ、アンチョビ（お好《この》みでマッシュルーム）など。下《した》の地図《ちず》は、これら材料《ざいりょう》のおもな産地《さんち》だよ。イーストは、世界中《せかいじゅう》あちこちの国《くに》でつくられている。

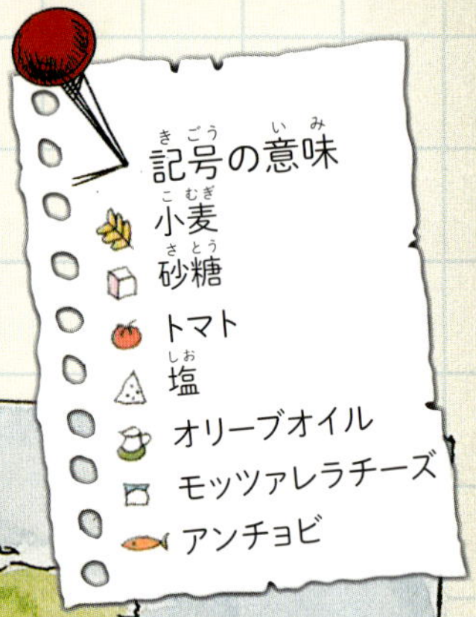

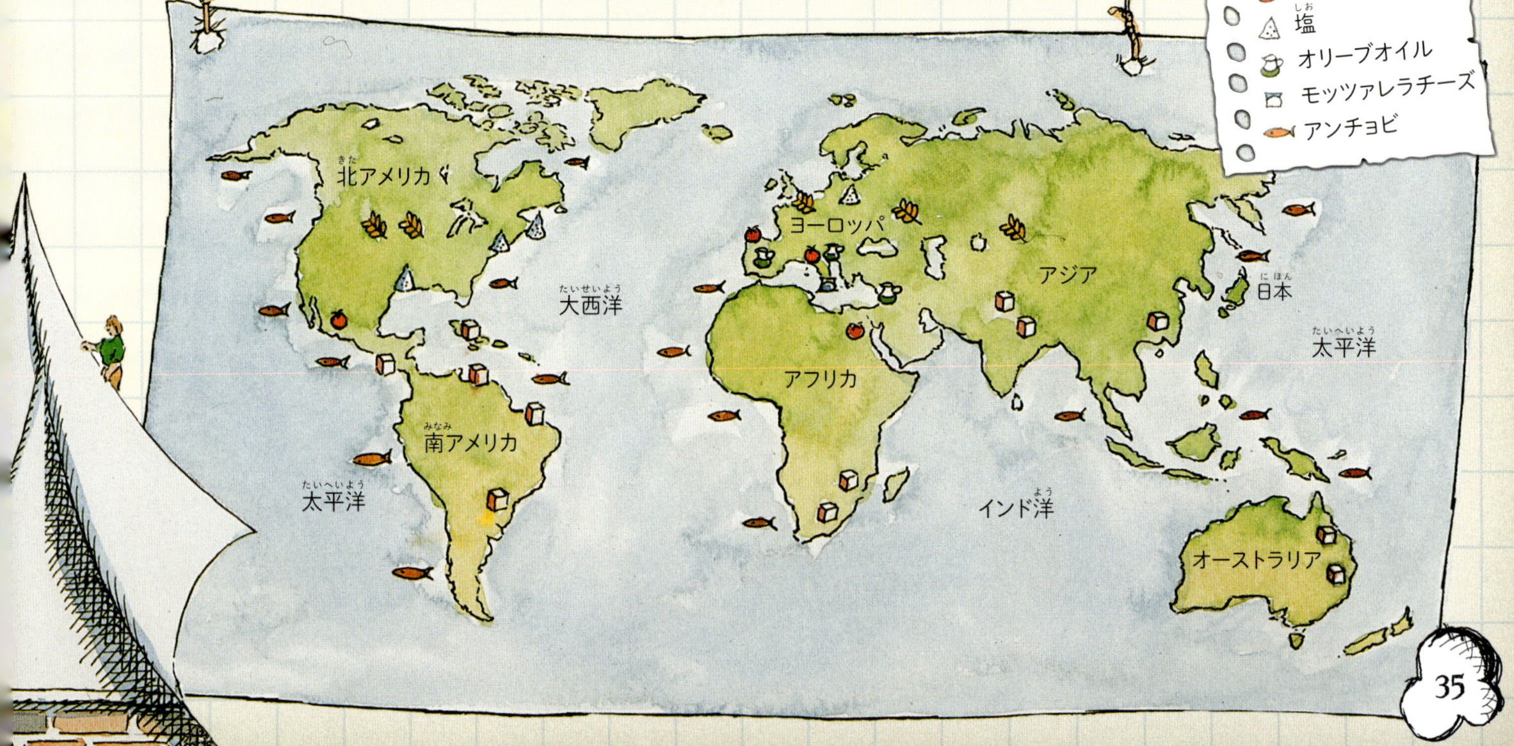

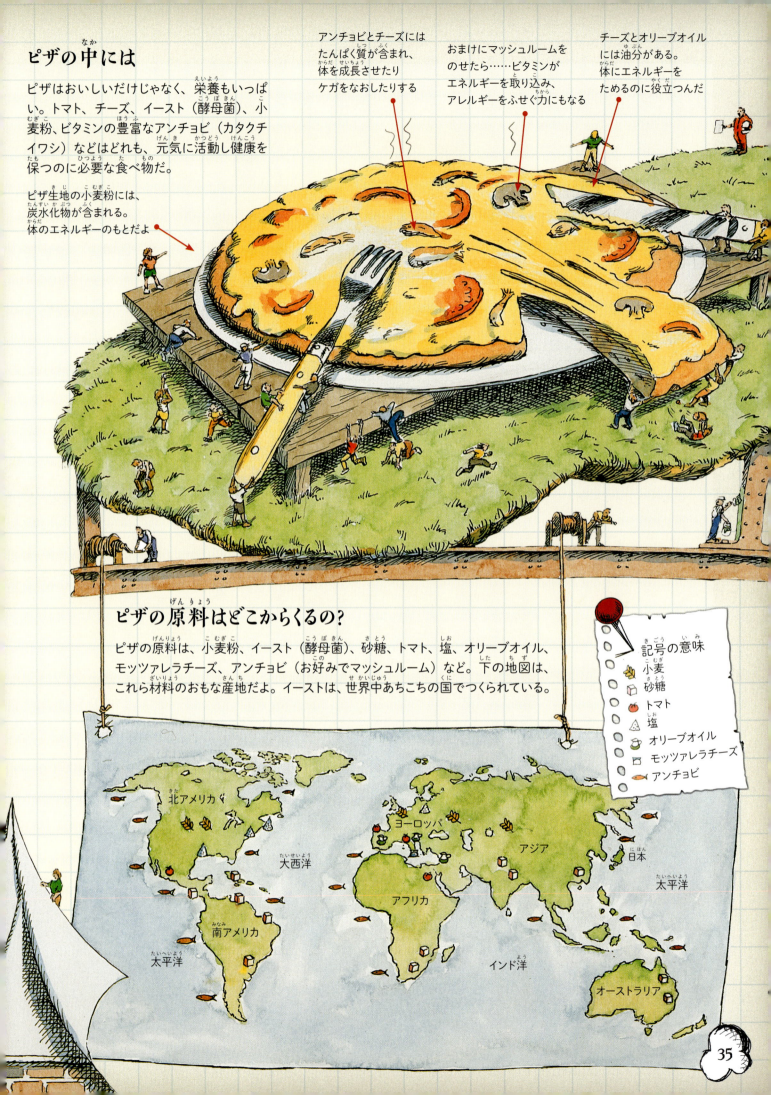

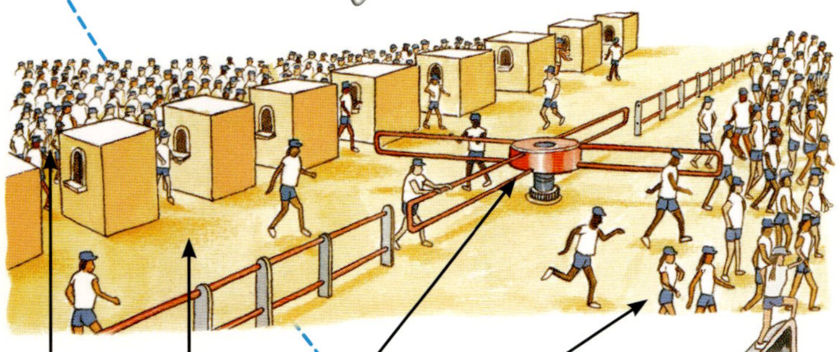

真空《しんくう》ってなに?

きみの部屋《へや》を満《み》たす空気《くうき》には、**原《げん》子《し》**というごく小《ちい》さな何十億《なんじゅうおく》もの粒《りゅう》子《し》がある。この原子《げんし》は、つねに空間《くうかん》いっぱいに均等《きんとう》に広《ひろ》がろうとする。真空《しんくう》とは、空気《くうき》の原子《げんし》がまったくないことだけれど、実際《じっさい》はそんな状態《じょうたい》はない。というのも、原子《げんし》はどこにでも存在《そんざい》するからだ。でも、掃除機《そうじき》は真空《しんくう》に近《ちか》い状態《じょうたい》をつくりだせる。まわりの空間《くうかん》より原子《げんし》の少《すく》ない状態《じょうたい》になると、気《き》圧《あつ》を等《ひと》しくしようとして、そこへ空気《くうき》がなだれこむ。この強力《きょうりょく》な吸引《きゅういん》力《りょく》で、ごみやほこりは空気《くうき》とともに細《ほそ》いパイプを通《とお》り、一気《いっき》に吸《す》い込《こ》まれる。

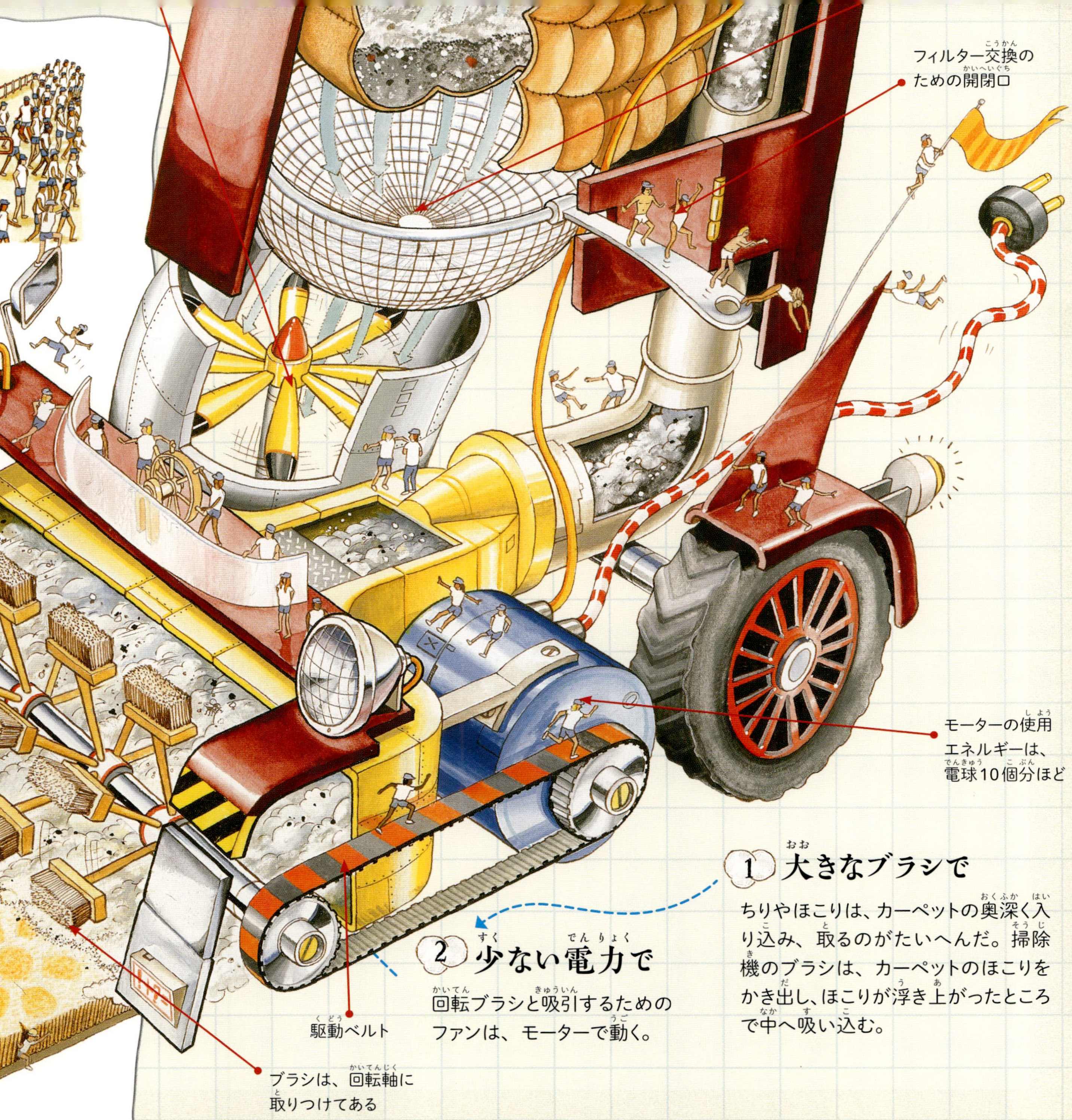

1 大《おお》きなブラシで

ちりやほこりは、カーペットの奥深《おくふか》く入《はい》り込《こ》み、取《と》るのがたいへんだ。掃除《そうじ》機《き》のブラシは、カーペットのほこりをかき出《だ》し、ほこりが浮《う》き上《あ》がったところで中《なか》へ吸《す》い込《こ》む。

2 少《すく》ない電力《でんりょく》で

回転《かいてん》ブラシと吸引《きゅういん》するためのファンは、モーターで動《うご》く。

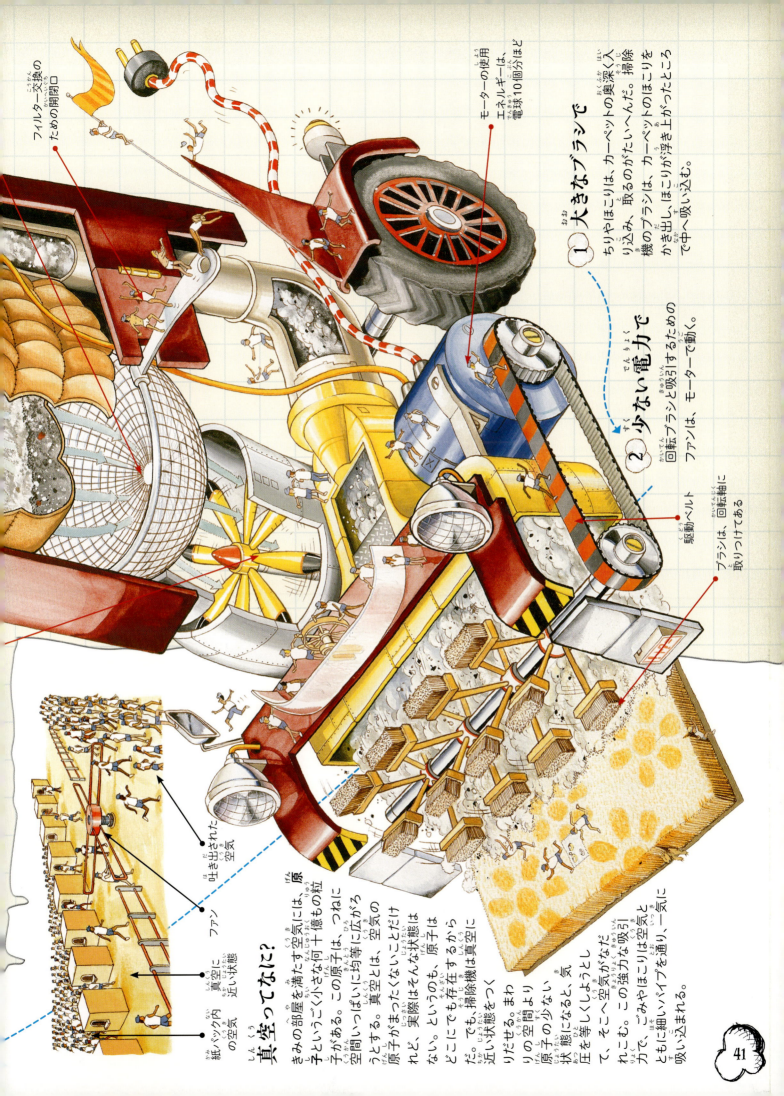

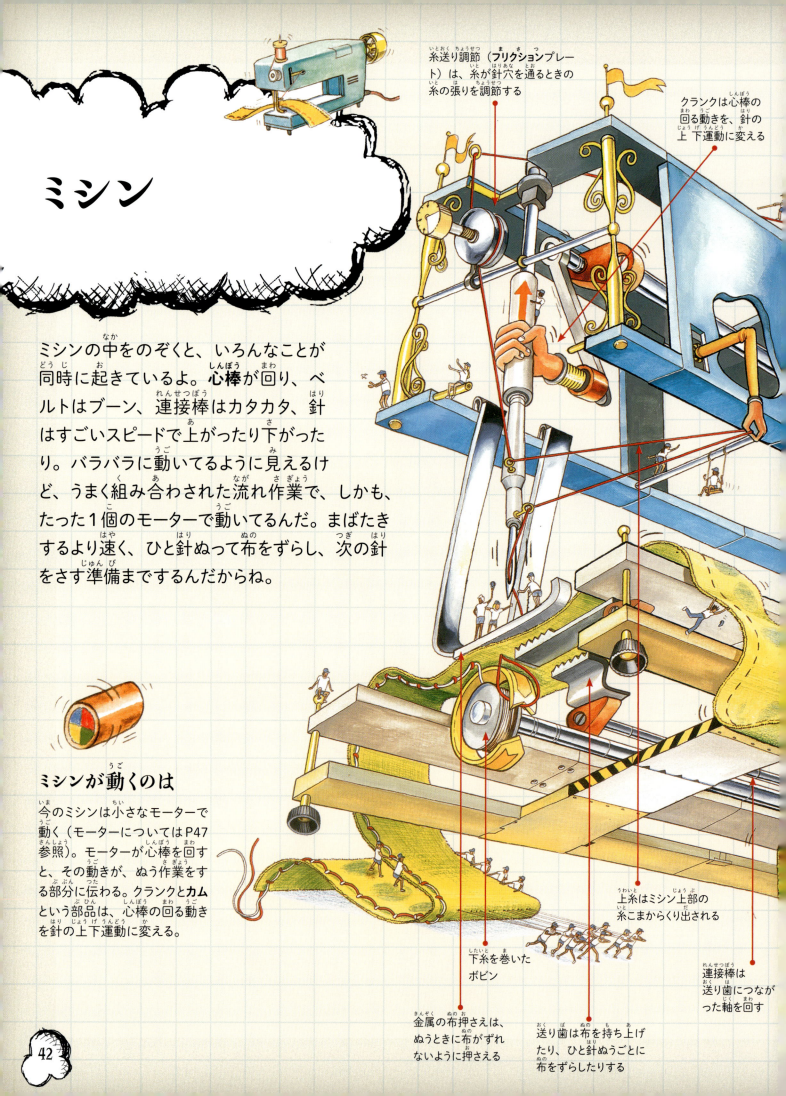

ミシン

ミシンの中《なか》をのぞくと、いろんなことが同時《どうじ》に起《お》きているよ。**心棒《しんぼう》**が回《まわ》り、ベルトはブーン、連接棒《れんせつぼう》はカタカタ、針《はり》はすごいスピードで上《あ》がったり下《さ》がったり。バラバラに動《うご》いてるように見《み》えるけど、うまく組《く》み合《あ》わされた流《なが》れ作業《さぎょう》で、しかも、たった１個《こ》のモーターで動《うご》いてるんだ。まばたきするより速《はや》く、ひと針《はり》ぬって布《ぬの》をずらし、次《つぎ》の針《はり》をさす準備《じゅんび》までするんだからね。

ミシンが動《うご》くのは

今《いま》のミシンは小《ちい》さなモーターで動《うご》く（モーターについてはP47参照《さんしょう》）。モーターが心棒《しんぼう》を回《まわ》すと、その動《うご》きが、ぬう作業《さぎょう》をする部分《ぶぶん》に伝《つた》わる。クランクと**カム**という部品《ぶひん》は、心棒《しんぼう》の回《まわ》る動《うご》きを針《はり》の上下運動《じょうげうんどう》に変《か》える。

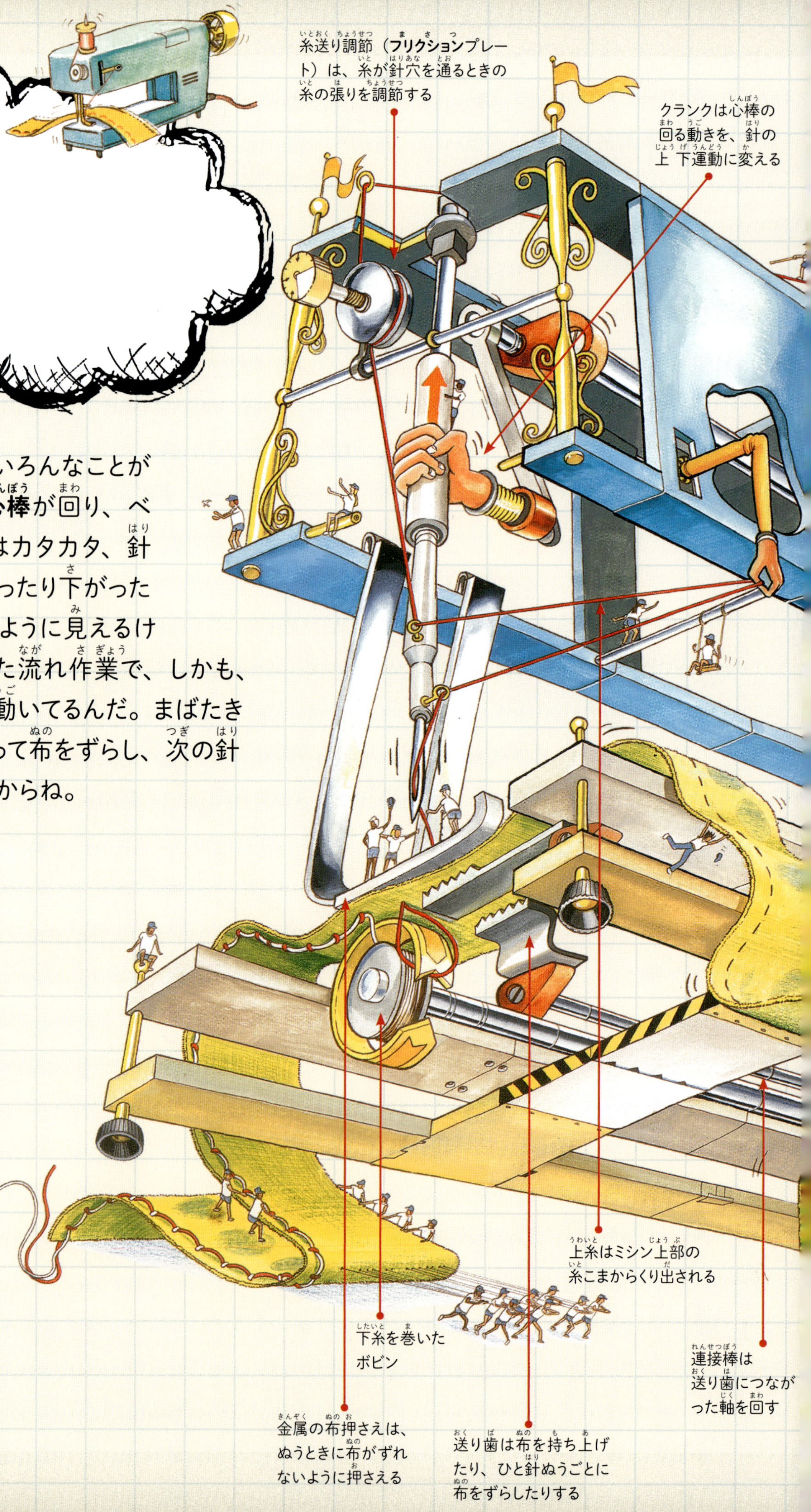

糸送り調節《いとおくちょうせつ》（**フリクション《まさつ》**プレート）は、糸《いと》が針穴《はりあな》を通《とお》るときの糸《いと》の張《は》りを調節《ちょうせつ》する
クランクは心棒《しんぼう》の回《まわ》る動《うご》きを、針《はり》の上下運動《じょうげうんどう》に変《か》える
上糸《うわいと》はミシン上部《じょうぶ》の糸《いと》こまからくり出《だ》される
下糸《したいと》を巻《ま》いたボビン
連接棒《れんせつぼう》は送《おく》り歯《は》につながった軸《じく》を回《まわ》す
金属《きんぞく》の布押《ぬのお》さえは、ぬうときに布《ぬの》がずれないように押《お》さえる
送《おく》り歯《ば》は布《ぬの》を持《も》ち上《あ》げたり、ひと針《はり》ぬうごとに布《ぬの》をずらしたりする

ミシンはどうやってぬう?

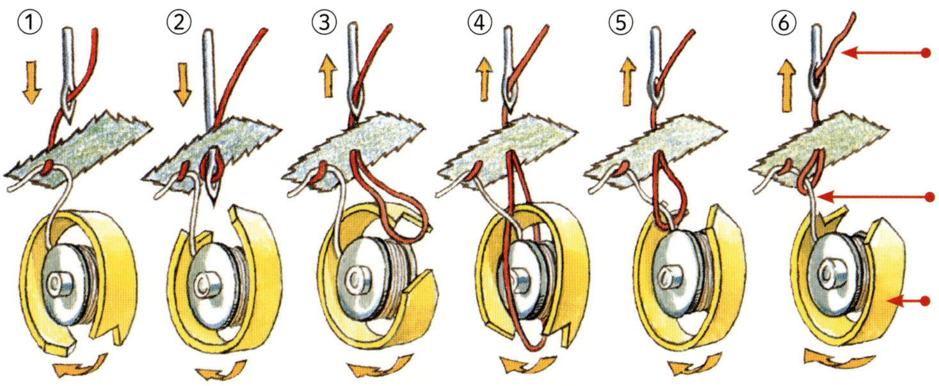

ミシンは2本《ほん》の糸《いと》を使《つか》ってぬう。
①上糸《うわいと》（赤《あか》）は針《はり》の穴《あな》に通《とお》しておく。
②針《はり》が下《お》りると上糸《うわいと》もいっしょに布《ぬの》の裏《うら》までつき通《とお》り、そこにループ（輪穴《わあな》）をつくる。
③すると回転《かいてん》するボビン釜《がま》の剣先《けんさき》がループをひっかけ、
④ループは下糸《したいと》の入《はい》ったボビンのまわりを回《まわ》り、このとき下糸《したいと》（白《しろ》）をすくう。
⑤針《はり》が上《あ》がると、
⑥上糸《うわいと》は下糸《したいと》をひっかけたまま引《ひ》っぱられ（ループをしぼませても）布《ぬの》からぬけないでのこる。
これでぬい目《め》ができる。

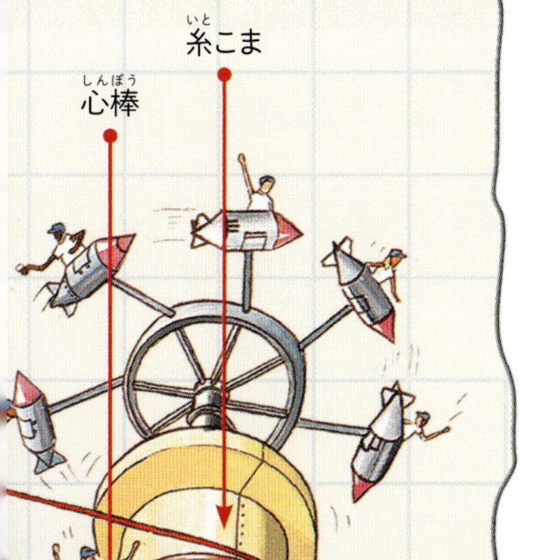
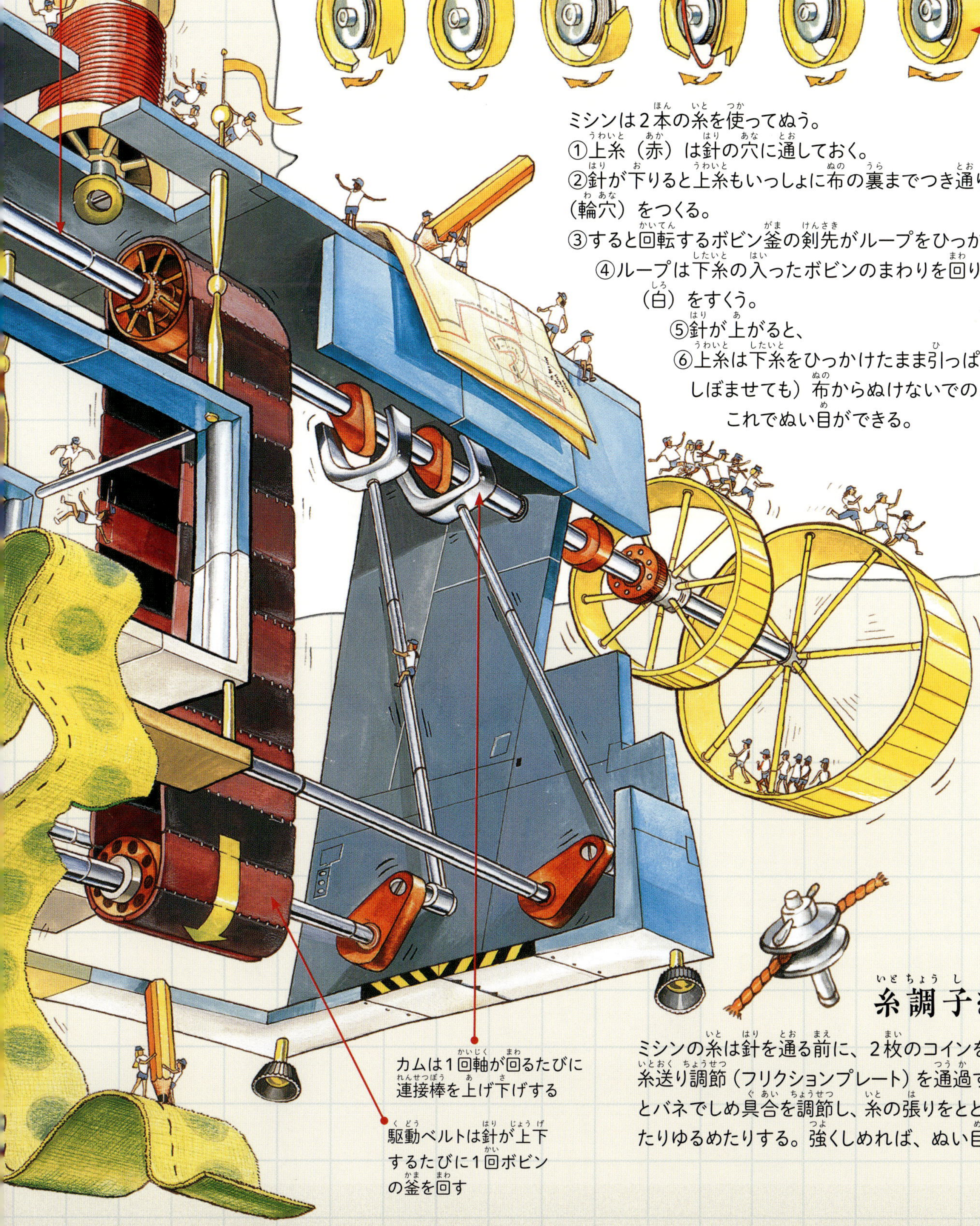

糸調子《いとちょうし》をととのえる

ミシンの糸《いと》は針《はり》を通《とお》る前《まえ》に、2枚《まい》のコインを合《あ》わせたような糸送《いとおく》り調節《ちょうせつ》（フリクションプレート）を通過《つうか》する。これはネジとバネでしめ具合《ぐあい》を調節《ちょうせつ》し、糸《いと》の張《は》りをととのえたり、強《つよ》くしたりゆるめたりする。強《つよ》くしめれば、ぬい目《め》がしっかりする。

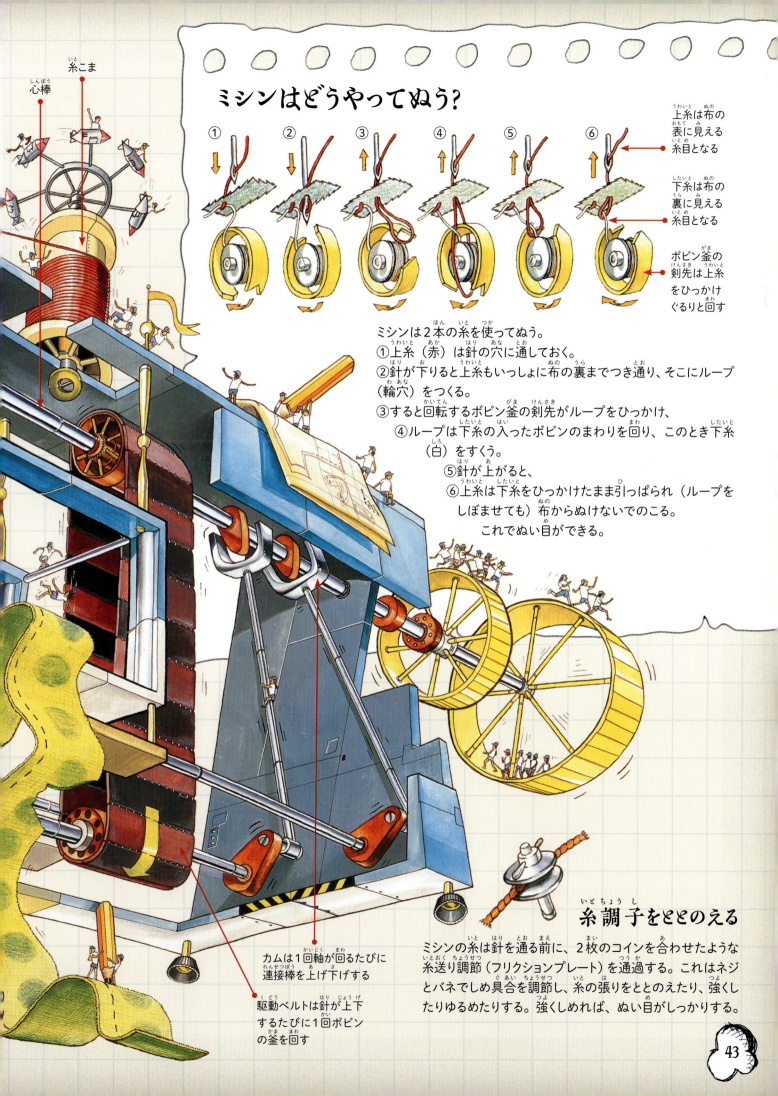

トイレのタンク

浮《う》き球《だま》は中《なか》の空気《くうき》で浮《う》き、
バルブ調節《ちょうせつ》アームとつながっている

トイレのタンクは毎日《まいにち》見《み》るけれど、中《なか》をのぞくことはあまりないね。中《なか》には、浮《う》き球《だま》とサイフォンという大事《だいじ》な装置《そうち》があって、それがうまくはたらいている。イラストの左《ひだり》に浮《う》いているボールが浮《う》き球《だま》で、水《みず》の高《たか》さを調節《ちょうせつ》する。サイフォンはまん中《なか》の管《くだ》で、便器《べんき》に水《みず》がスムーズに流《なが》れるように調節《ちょうせつ》する。さあ、「流《なが》す」のハンドルを回《まわ》すと、何《なに》が起《お》こるかな。

サイフォンのはたらき

サイフォンは、液体《えきたい》を少《すこ》しだけ持《も》ち上《あ》げてから、低《ひく》い位置《いち》へ流《なが》す管《くだ》だ。トイレでは、タンクから便器《べんき》へ水《みず》を流《なが》すときに使《つか》う。サイフォンの原理《げんり》は吸引《きゅういん》のはたらきによるもので、空気《くうき》がしめ出《だ》された空間《くうかん》に水《みず》が満《み》ちると起《お》きる。管《くだ》に水《みず》がいっぱいだと、水《みず》は高《たか》い場所《ばしょ》から低《ひく》い場所《ばしょ》へ流《なが》れつづける。サイフォンに空気《くうき》が入《はい》ると、このしくみははたらかず、水《みず》の流《なが》れは止《と》まる。

1 水《みず》を送《おく》るしかけ

水洗《すいせん》ハンドルはサイフォンの入口《いりぐち》にあるピストン（上下《じょうげ》にスライドする2枚《まい》のディスク）とつながっている。レバーを回《まわ》すと、このディスクが持《も》ち上《あ》がり、サイフォンの中《なか》に水《みず》を送《おく》り込《こ》む。すると吸引《きゅういん》の作用《さよう》で、タンクの水《みず》は管《くだ》の中《なか》にどんどん送《おく》られ、便器《べんき》へ流《なが》れ落《お》ちる。タンクが空《から》になると、浮《う》き球《だま》がタンクの底《そこ》まで下《さ》がる。

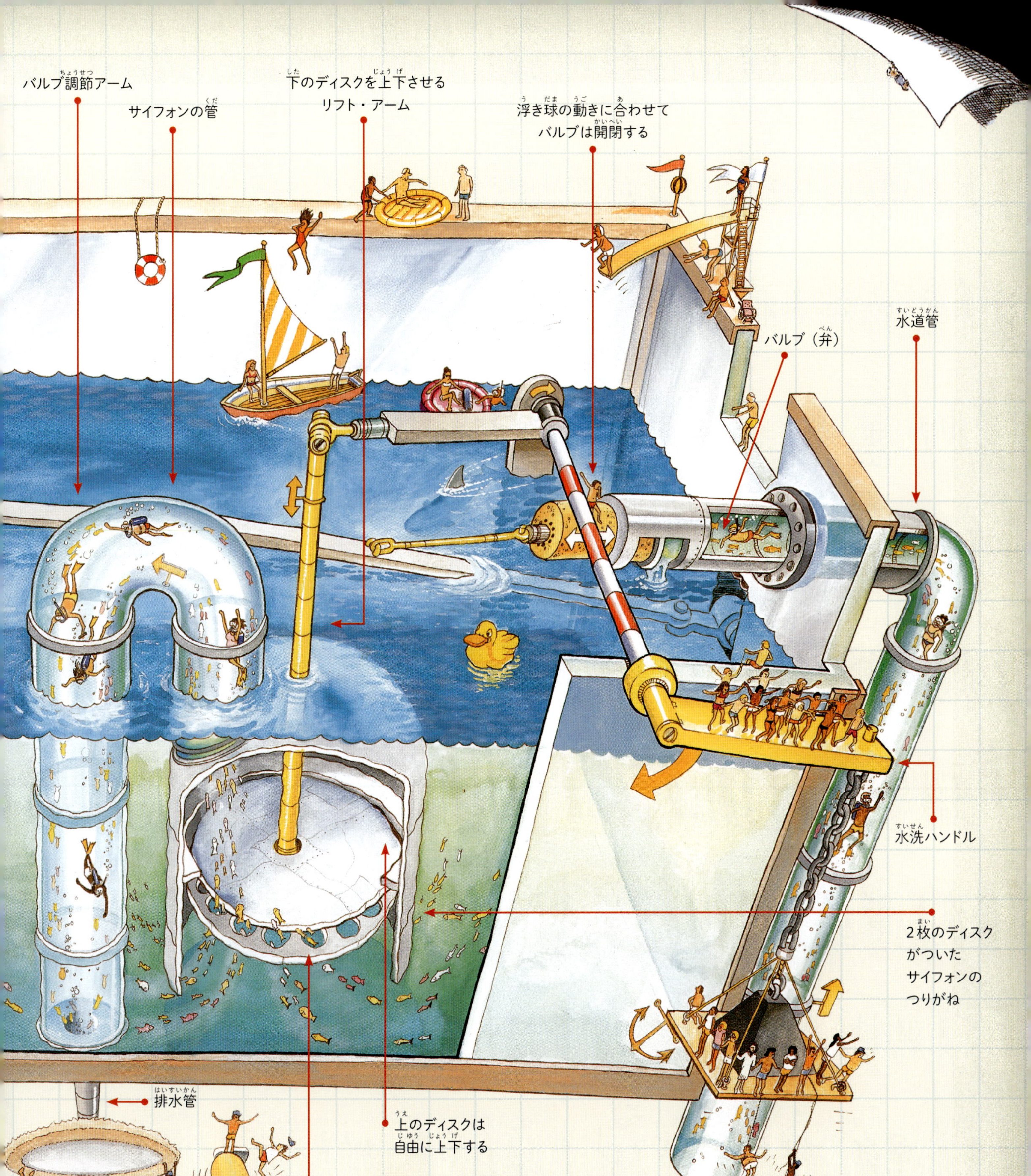

2 水量《すいりょう》コントロールも自在《じざい》に

水《みず》は水道管《すいどうかん》からバルブ（弁《べん》）を通《とお》ってタンクにたまる。バルブは、浮《う》き球《だま》がタンクの底近《そこちか》くまで下《さ》がると全開《ぜんかい》する。ひらいたバルブを通《とお》り、水《みず》がたまるにつれ浮《う》き球《だま》はゆっくりと浮《う》き上《あ》がり、こんどはバルブがだんだんしまる。浮《う》き球《だま》とバルブはほどよく調整《ちょうせい》されて、タンクに水《みず》がたまるとバルブは完全《かんぜん》にしまる。

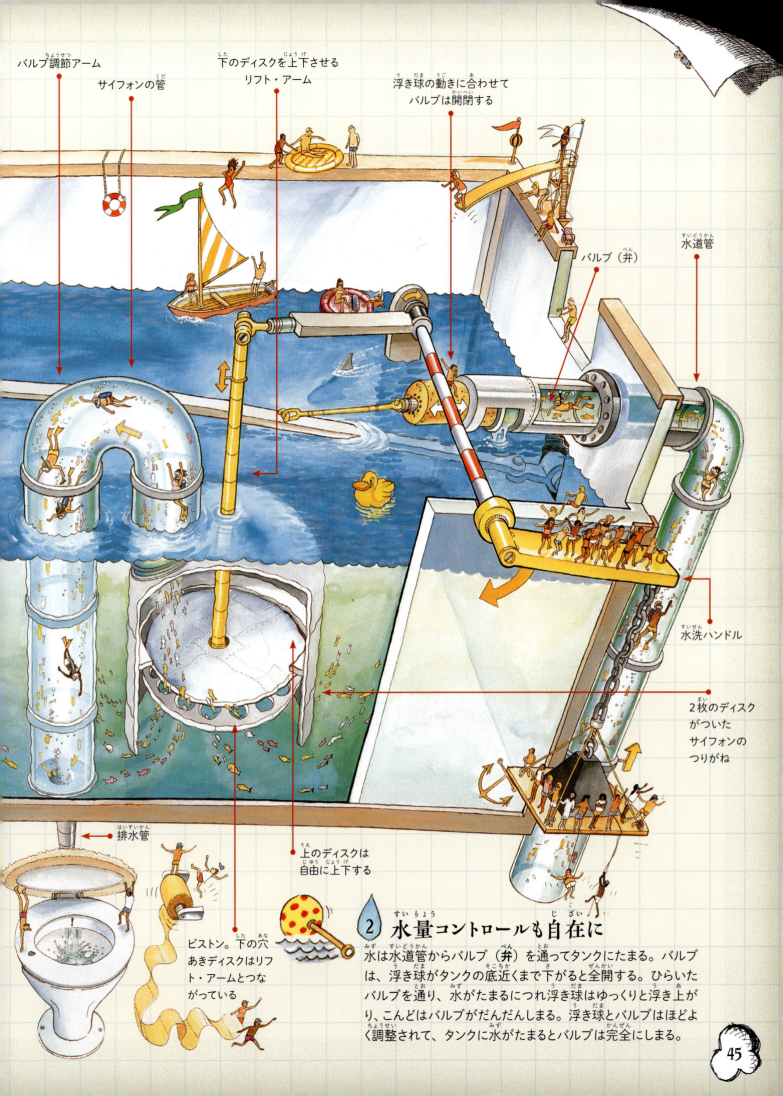

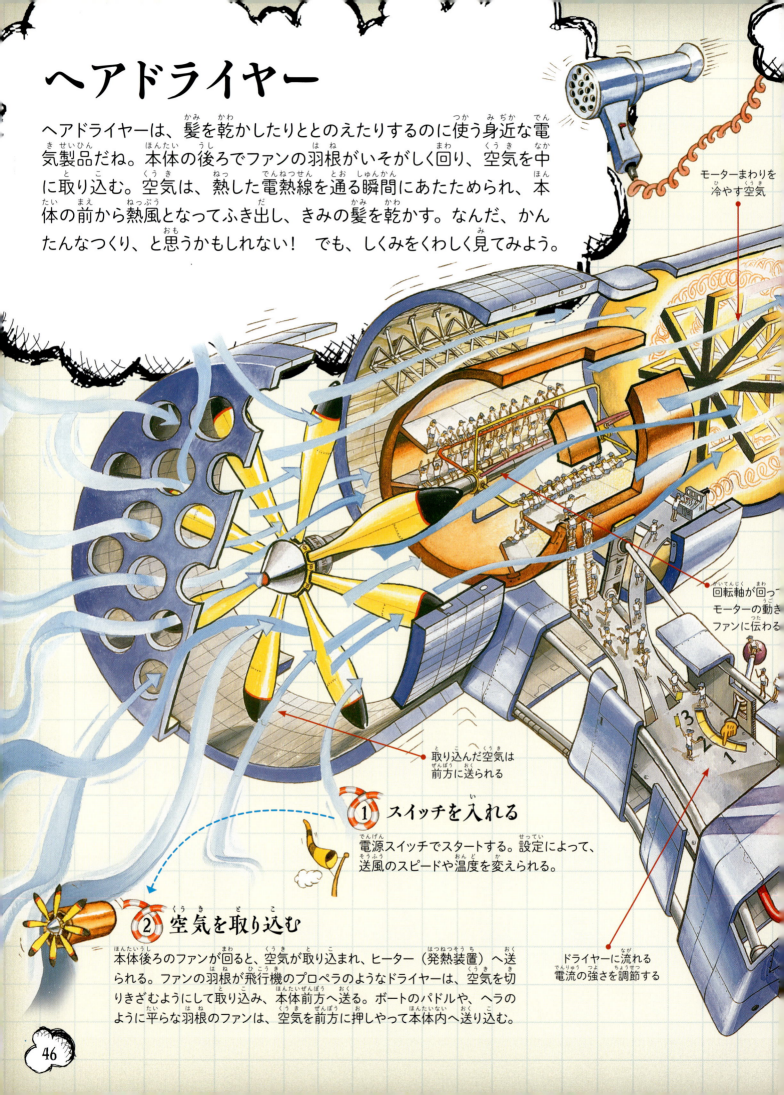

ヘアドライヤー

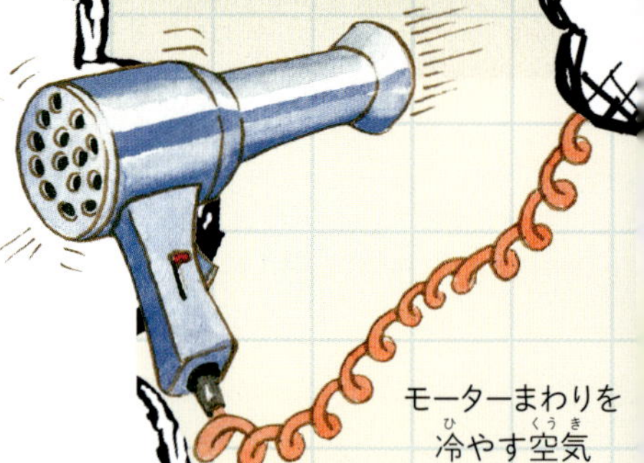

ヘアドライヤーは、髪《かみ》を乾《かわ》かしたりととのえたりするのに使《つか》う身近《みぢか》な電気製品《でんきせいひん》だね。本体《ほんたい》の後《うし》ろでファンの羽根《はね》がいそがしく回《まわ》り、空気《くうき》を中《なか》に取《と》り込《こ》む。空気《くうき》は、熱《ねっ》した電熱線《でんねつせん》を通《とお》る瞬間《しゅんかん》にあたためられ、本体《ほんたい》の前《まえ》から熱風《ねっぷう》となってふき出《だ》し、きみの髪《かみ》を乾《かわ》かす。なんだ、かんたんなつくり、と思《おも》うかもしれない！　でも、しくみをくわしく見《み》てみよう。

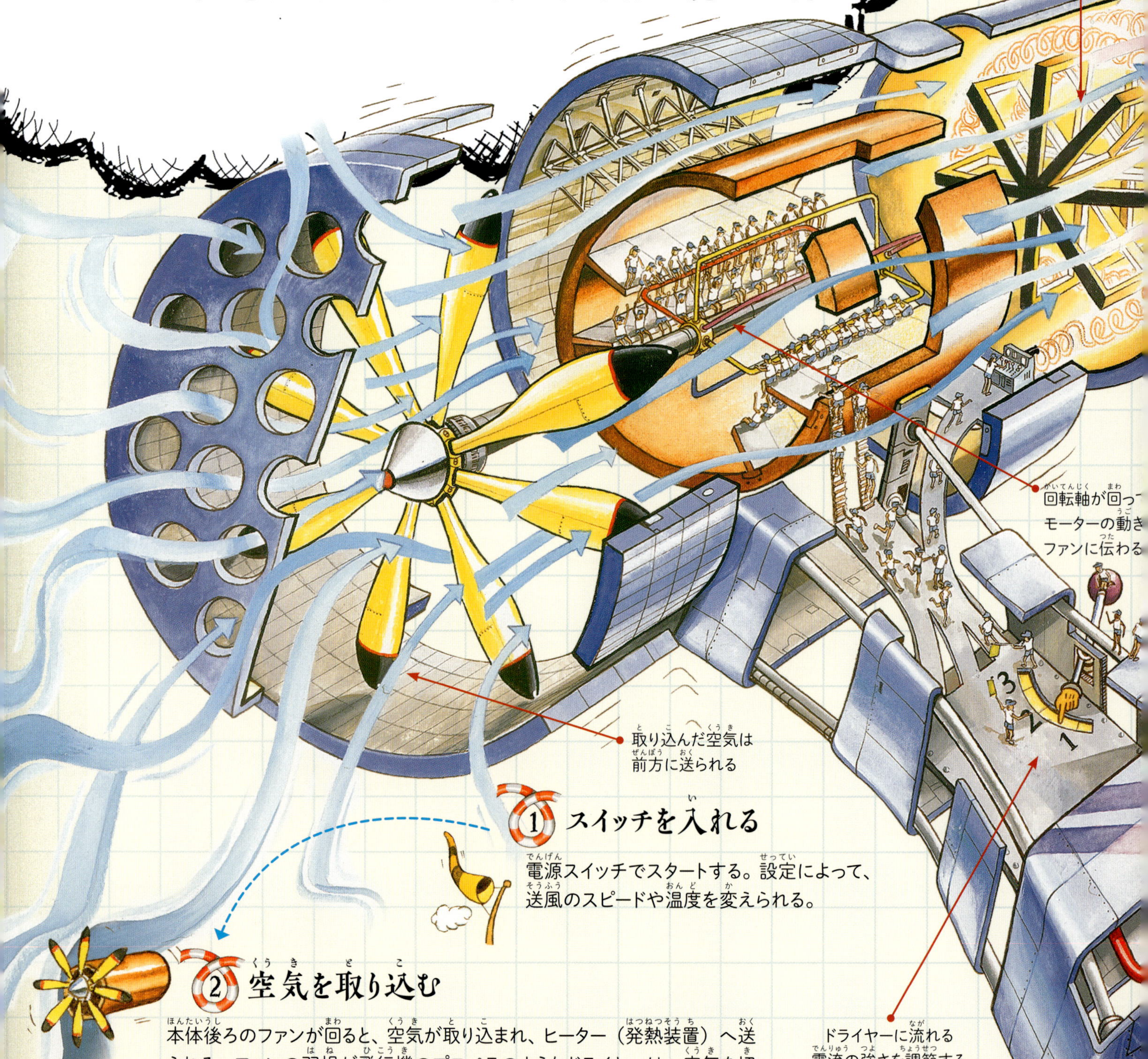

モーターまわりを
冷《ひ》やす空気《くうき》
回転軸《かいてんじく》が回《まわ》っ
モーターの動《うご》き
ファンに伝《つた》わる
取《と》り込《こ》んだ空気《くうき》は
前方《ぜんぽう》に送《おく》られる
3
2
1
ドライヤーに流《なが》れる
電流《でんりゅう》の強《つよ》さを調節《ちょうせつ》する

① スイッチを入《い》れる

電源《でんげん》スイッチでスタートする。設定《せってい》によって、送風《そうふう》のスピードや温度《おんど》を変《か》えられる。

② 空気《くうき》を取《と》り込《こ》む

本体後《ほんたいうし》ろのファンが回《まわ》ると、空気《くうき》が取《と》り込《こ》まれ、ヒーター（発熱装置《はつねつそうち》）へ送《おく》られる。ファンの羽根《はね》が飛行機《ひこうき》のプロペラのようなドライヤーは、空気《くうき》を切《き》りきざむようにして取《と》り込《こ》み、本体前方《ほんたいぜんぽう》へ送《おく》る。ボートのパドルや、ヘラのように平《たい》らな羽根《はね》のファンは、空気《くうき》を前方《ぜんぽう》に押《お》しやって本体内《ほんたいない》へ送《おく》り込《こ》む。

③ モーターを冷《さ》ます

ファンが空気《くうき》を取《と》り込《こ》むとき、中《なか》に空気《くうき》が流《なが》れる。この空気《くうき》の流《なが》れは、モーターが熱《あつ》くなりすぎるのをふせぐ。

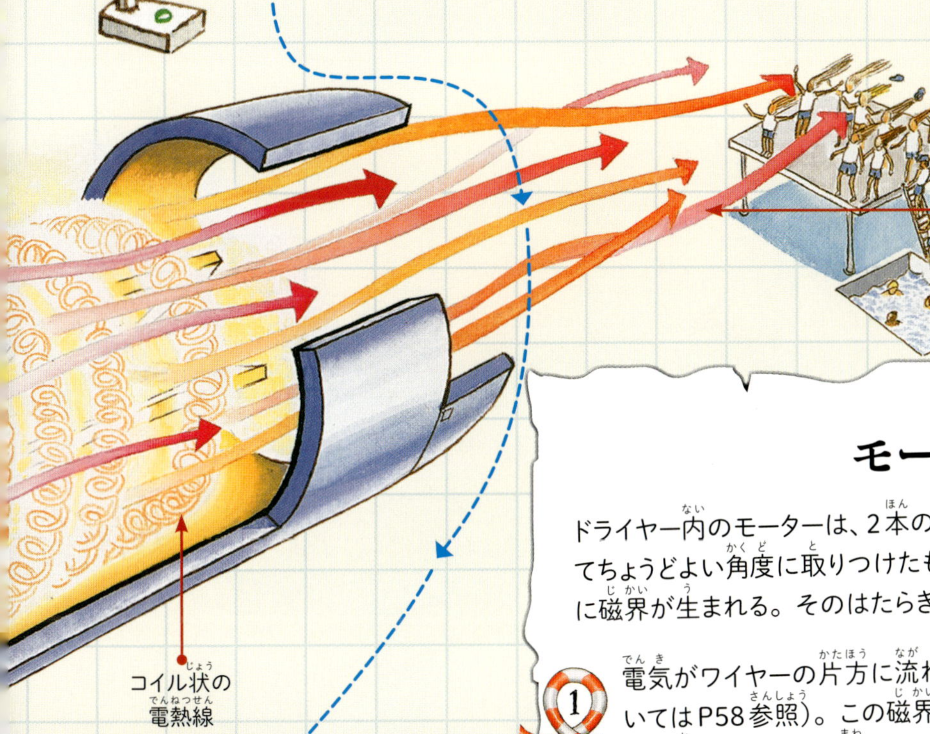

④ 熱《ねつ》をつくりだす

金属《きんぞく》ワイヤーに電気《でんき》を通《とお》すと熱《あつ》くなる。細《ほそ》くて長《なが》いワイヤーは太《ふと》く短《みじか》いワイヤーより熱《あつ》くなるので、中《なか》のコイル状《じょう》の電熱線《でんねつせん》は赤《あか》く熱《あつ》くなるが、本体《ほんたい》に電気《でんき》を送《おく》るケーブルはそれほどでもない。

モーターとは?

ドライヤー内《ない》のモーターは、2本《ほん》の金属《きんぞく》ワイヤーを長方形《ちょうほうけい》のループ（環《わ》）状《じょう》にしてちょうどよい角度《かくど》に取《と》りつけたものだ。電気《でんき》を通《とお》すと、このワイヤーのまわりに磁界《じかい》が生《う》まれる。そのはたらきを見《み》てみよう。

① 電気《でんき》がワイヤーの片方《かたほう》に流《なが》れると、そのまわりに磁界《じかい》ができる（磁界《じかい》についてはP58参照《さんしょう》）。この磁界《じかい》は、まわりの磁石《じしゃく》に反応《はんのう》し、ワイヤーは反発《はんぱつ》して（押《お》しやられて）回《まわ》る。

② 1つめのワイヤーがある程度《ていど》回《まわ》ると、電気《でんき》の供給《きょうきゅう》が止《と》まる。すると電流《でんりゅう》は、2つめのワイヤーを流《なが》れる。その押《お》す力《ちから》によって、2つめのワイヤーが回《まわ》る。

③ たがいのワイヤーは電流《でんりゅう》が流《なが》れるかぎり、たえず押《お》されて回《まわ》りつづける。その力《ちから》が電気《でんき》を生《う》み、機械《きかい》を動《うご》かす。

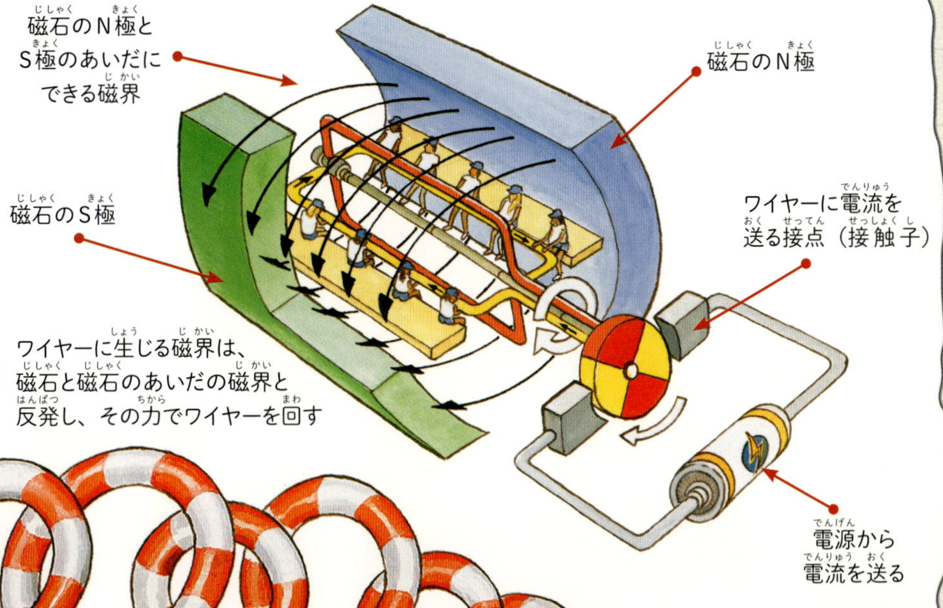

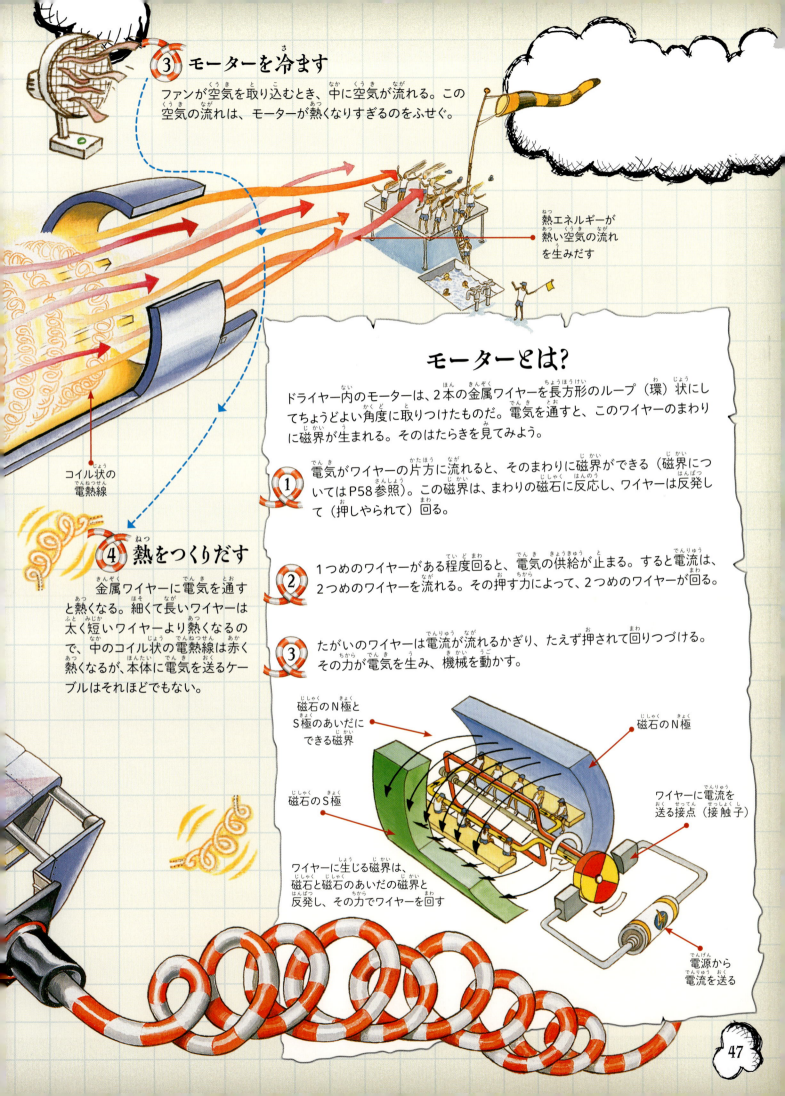

煙《けむり》感《かん》知《ち》器《き》

「火《ひ》のないところに煙《けむり》は立《た》たぬ」という通《とお》り、煙《けむり》の出《で》ない火事《かじ》はないよね。煙《けむり》はすぐに広《ひろ》がるので、火事《かじ》が起《お》きたときのサインとなる。

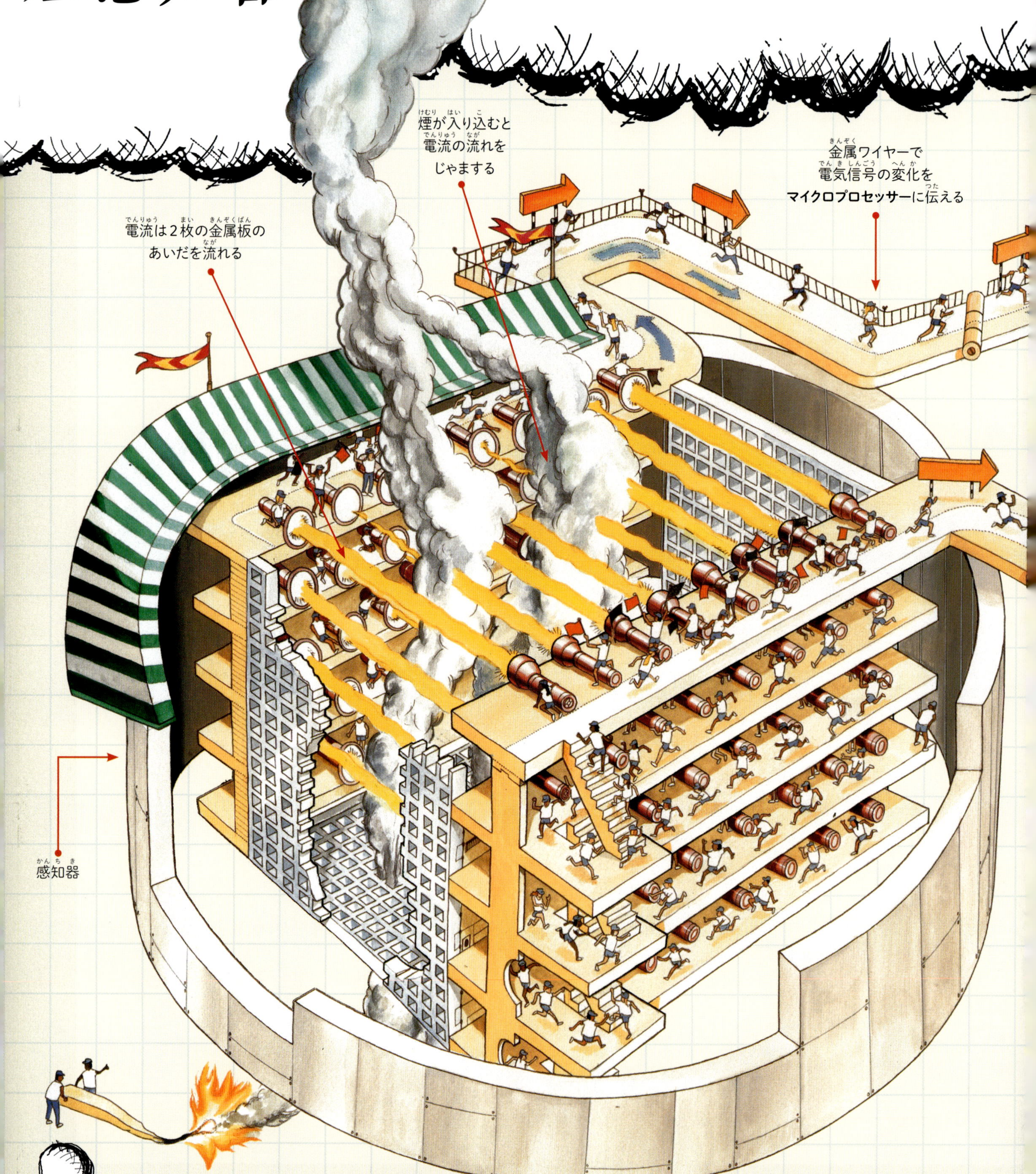

携《けい》帯《たい》・スマートフォン

スマートフォンを使《つか》う人《ひと》は、2015年《ねん》までに世界中《せかいじゅう》でおよそ27億人《おくにん》になった。このすばらしい機器《きき》——持《も》ち運《はこ》べるし、インターネットとつながるし、ゲームをしたり、写真《しゃしん》や動画《どうが》を撮《と》ったり、**アプリ**という小型《こがた》のプログラムを入《い》れることもできる——は、今《いま》や地球上《ちきゅうじょう》でなくてはならないもののひとつだ。だけど、そのしくみや使《つか》いかた、よく知《し》っている?

1 オペレーティングシステム

スマホには必《かなら》ず、**オペレーティングシステム**（OS《オーエス》、基本《きほん》ソフト）が入《はい》っている。スマホのさまざまな機能《きのう》は、すべてこれで管理《かんり》される。たとえば、**タッチスクリーン**や、いろんなものを保存《ほぞん》するメモリー、スマホの「頭脳《ずのう》」ともいうべきプロセッサーなどだ。そして、きみが毎日使《まいにちつか》うアプリも。みんなOSがうまく調整《ちょうせい》している。スマホの電子装置《でんしそうち》も管理《かんり》する。だから、スマホを電源《でんげん》につなげば充電《じゅうでん》がはじまるし、イヤホンのプラグをさせばスピーカーがオフになるんだよ。

2 バッテリーいまむかし

初期《しょき》の携帯電話《けいたいでんわ》の**バッテリー**は、本体《ほんたい》の何倍《なんばい》もの大《おお》きさだった。受話器《じゅわき》はバッテリーの上《うえ》にのせるような形《かたち》で、肩《かた》にかけるベルトつき。お弁当《べんとう》箱《ばこ》くらい大《おお》きかった！　今《いま》のバッテリーはごく小《ちい》さく、数時間《すうじかん》で充電《じゅうでん》でき、1日《にち》じゅう使《つか》える。

3 USB《ユーエスビー》コネクターをつなげば

スマホはUSBケーブルのついたコネクターをつなぐことができる。充電《じゅうでん》が必要《ひつよう》なら、このコネクターを電源《でんげん》のコンセントにつなげばいい。スマホのコネクターを自宅《じたく》のパソコンとつないで、スマホで撮《と》った写真《しゃしん》をパソコンに送《おく》り、保存《ほぞん》しておくこともできる。

イヤホンさしこみ口《ぐち》
音量調節《おんりょうちょうせつ》ボタン
アプリの**アイコン**
（「サーチ」というプログラム）
マイク
USBコネクター
USBケーブル
バッテリー
（電源《でんげん》）

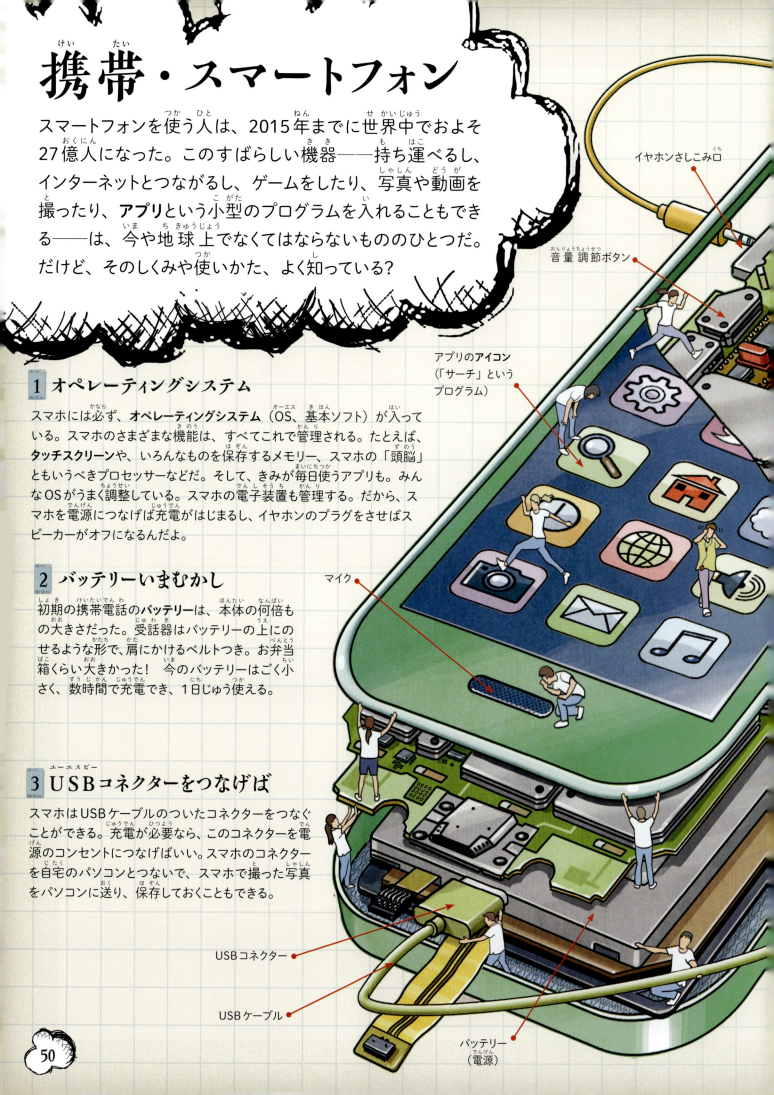

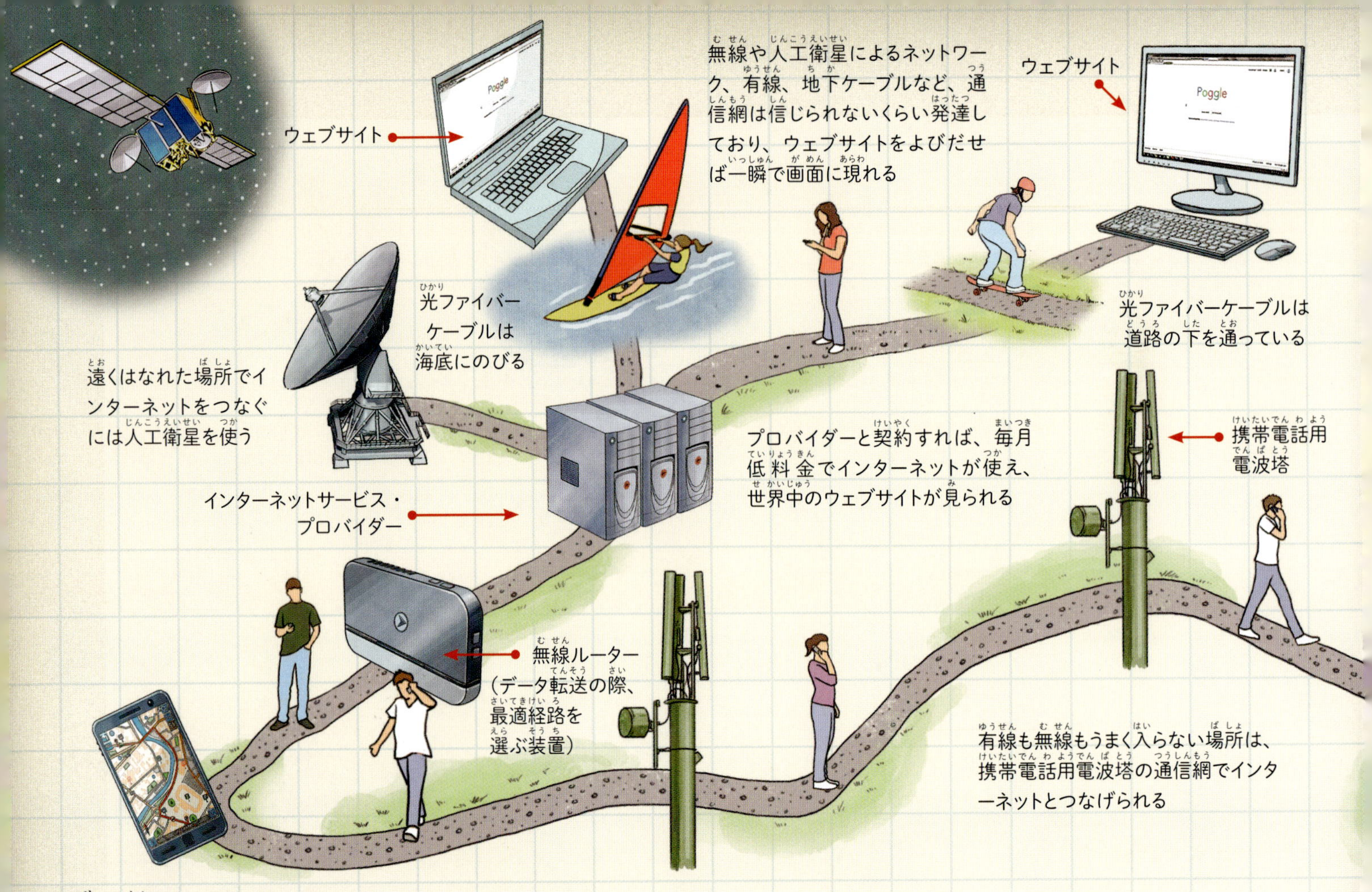

世界《せかい》とつながる

1 インターネットで

家《いえ》にいるとき、きみは携帯《けいたい》やタブレットを無線《むせん》ネットワークでインターネットにつなぐよね。無線《むせん》の使《つか》えない環境《かんきょう》なら、**移動体通信網**《いどうたいつうしんもう》（セルラー通信網《つうしんもう》ともいう）を使《つか》って電話《でんわ》したりメールを送《おく》ったりする。これは無線《むせん》ほど速《はや》くないけれど、携帯電話会社《けいたいでんわがいしゃ》の電波塔《でんぱとう》が近《ちか》くにあれば便利《べんり》なやりかただ。

2 メールや電話《でんわ》で

きみが電話《でんわ》したりメールを送《おく》ったりすると、きみのメッセージは電気信号《でんきしんごう》に変換《へんかん》され、近《ちか》くの携帯電話用電波塔《けいたいでんわようでんぱとう》に送《おく》られる。電波塔《でんぱとう》はその信号《しんごう》を、送《おく》った相手《あいて》に近《ちか》い電波塔《でんぱとう》へ送《おく》り、そこから相手《あいて》の携帯電話《けいたいでんわ》へ届《とど》く。届《とど》いた信号《しんごう》は、きみの声《こえ》や、メール・メッセージへふたたび変換《へんかん》される。

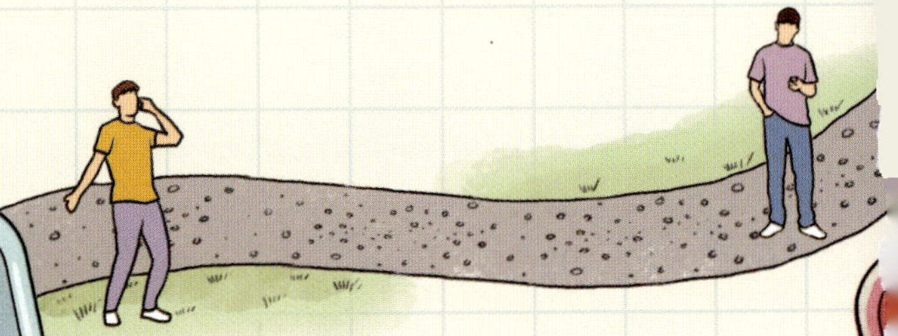

3 Eメールで

コンピューターと同《おな》じように、スマホもEメールを送《おく》ったり受《う》けとったりできる。新着《しんちゃく》のメールが来《き》たら、着信音《ちゃくしんおん》や振動《しんどう》で知《し》らせるようにもできる。未開封《みかいふう》メールが何件来《なんけんき》ているか、トップ画面《がめん》に数字《すうじ》で示《しめ》してもくれる。

スマホに届《とど》いたEメール

4 アプリで

スマホにはアプリとよばれるプログラムが入《はい》っている。これを使《つか》えば、きみは電話《でんわ》したり、メールしたり、自分《じぶん》の予定《よてい》を管理《かんり》したり、連《れん》絡先《らくさき》のリストを保管《ほかん》したり、時間《じかん》を知《し》ったり、計算《けいさん》をしたりできる。また、好《す》きなアプリを入《い》れることもできる。ゲームをしたり、作曲《さっきょく》したり、映画《えいが》をつくったり、日記《にっき》をつけたり、絵《え》を描《か》いたりなど、いろいろだ。無料《むりょう》のアプリも多《おお》いし、安《やす》く買《か》えるものもある。

チャットをする
Wi-Fi（ワイファイ、無線《むせん》）でインターネットにつなぐ
ショートメッセージを受《じゅ》送信《そうしん》する
アイコンにふれるとアプリがひらく。このアプリはEメール用《よう》
ニュース記事《きじ》を読《よ》むアプリ
絵《え》を描《か》くアプリ
SMS
RSS

5 写真《しゃしん》や動画《どうが》で

スマホにはカメラがついている。写真《しゃしん》は高画質《こうがしつ》で、コンピューターのデスクトップの壁紙《かべがみ》に使《つか》えるほどだ。スマホは動画《どうが》を撮《と》ることもできる。高価《こうか》な機種《きしゅ》では高解像度《こうかいぞうど》の画像《がぞう》を撮影《さつえい》でき、テレビ画面《がめん》とほとんど変《か》わらないくらいだ。メインスクリーン側《がわ》に2台《だい》めのカメラを取《と》りつけてあるスマホもある。つまりきみが電話《でんわ》するとき、きみにはその相手《あいて》が見《み》えるし相手《あいて》にもきみが見《み》える、いわゆるビデオ通話《つうわ》ができるということだ。

写真《しゃしん》を撮《と》ったら、ショートメッセージやEメールに添付《てんぷ》して友《とも》だちにかんたんに送《おく》れる。無料《むりょう》の写真共有《しゃしんきょうゆう》サービスを使《つか》うこともできる

画面上《がめんじょう》の写真《しゃしん》を部分的《ぶぶんてき》に大《おお》きくしたいときは、ひとさし指《ゆび》と親指《おやゆび》で画面《がめん》にタッチし、そのまま両《りょう》方《ほう》の指《ゆび》を広《ひろ》げると拡大《かくだい》される

クローズアップ
カメラロール

人《ひと》の鼻《はな》は煙《けむり》のにおいにすぐ気《き》づくが、近《ちか》くにいないとわからない。しめきったドアの向《む》こうや、寝《ね》ているとき、風邪《かぜ》で鼻《はな》がきかないときはこまる。そんなときに助《たす》かるのが煙感知器《けむりかんちき》だ。煙《けむり》をかぎつけると、すぐに家《いえ》じゅうにアラームが鳴《な》りひびくよ。

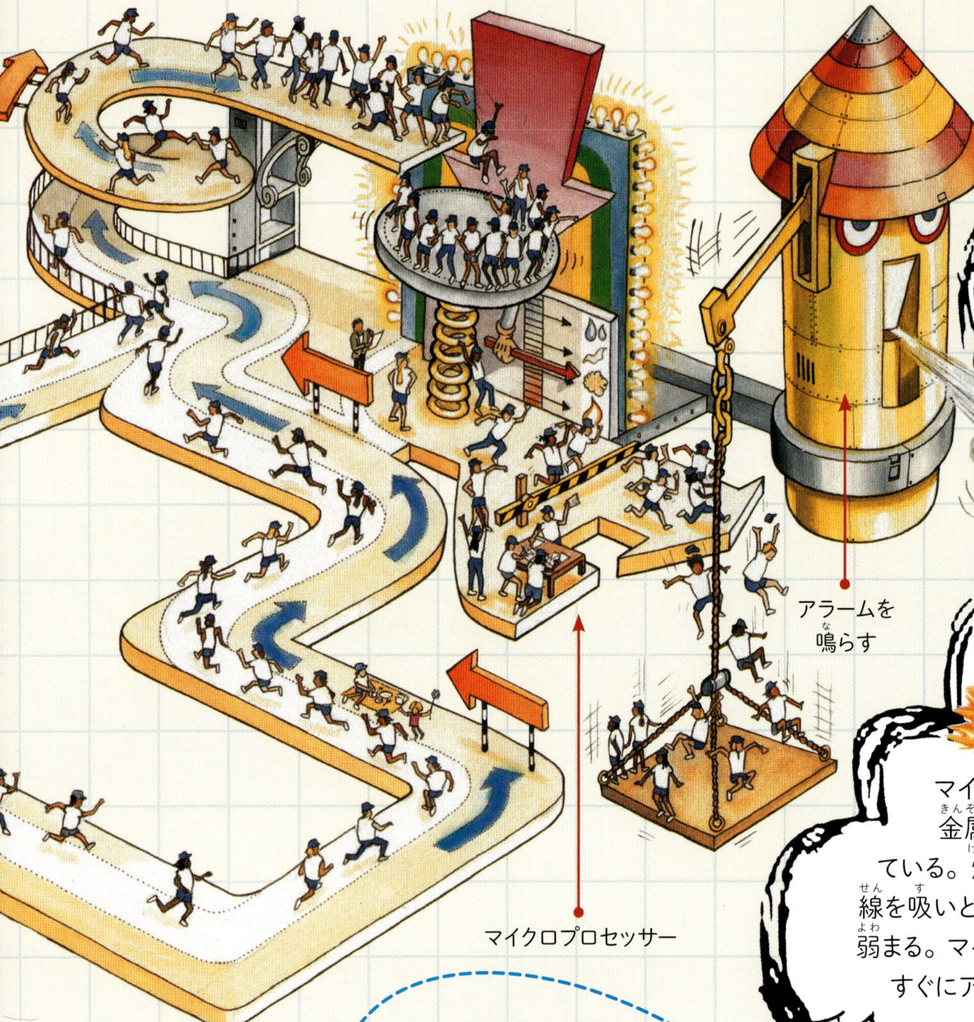

1 感知器《かんちき》のしくみ

感知器《かんちき》は2枚《まい》の金属板《きんぞくばん》を約《やく》2.5センチはなして取《と》りつけてあり、電源《でんげん》につながっている。金属《きんぞく》のあいだの空気《くうき》は、弱《よわ》い**放射《ほうしゃ》**により**イオン化《か》**（電離《でんり》ともいう）される。このイオン化《か》で、2枚《まい》の金属《きんぞく》のあいだに弱《よわ》い電流《でんりゅう》が流《なが》れる。電流《でんりゅう》が流《なが》れていれば、感知器《かんちき》は動《うご》かない。金属《きんぞく》のあいだに煙《けむり》がのぼってくると、流《なが》れがじゃまされてアラームが作動《さどう》する。

このイラストは、2枚《まい》の金属板《きんぞくばん》を5階《かい》だての2つの塔《とう》で示《しめ》している。2つの塔《とう》を行《い》きかう光線《こうせん》は電流《でんりゅう》をあらわすよ。

2 イオン化《か》って?

感知器《かんちき》には小《ち い》さな金属片《きんぞくへん》があり、それがわずかな放射線《ほうしゃせん》を出《だ》す（**放射性《ほうしゃせい》**）。これがまわりの空気《くうき》に、たえず電子《でんし》の流《なが》れをつくりだす。電子《でんし》は空気《くうき》の分子《ぶんし》とぶつかると電気《でんき》を帯《お》び（これがイオン化《か》だ）、イオンが電気《でんき》を運《はこ》ぶため、電源《でんげん》からくる弱《よわ》い電流《でんりゅう》が金属板《きんぞくばん》のあいだを流《なが》れる。

3 変化《へんか》に気《き》づくと

マイクロプロセッサー（超小型処理装置《ちょうこがたしょりそうち》）は、金属板《きんぞくばん》のあいだを流《なが》れる電流《でんりゅう》の強《つよ》さを監視《かんし》している。煙《けむり》は感知器《かんちき》に入《はい》ると、金属片《きんぞくへん》の発《はっ》する放射線《ほうしゃせん》を吸《す》いとる。すると空気《くうき》のイオン化《か》は減《へ》り、電流《でんりゅう》は弱《よわ》まる。マイクロプロセッサーはその変化《へんか》に気《き》づき、すぐにアラームを作動《さどう》させる。

4 ジリリリ……!

アラームの装置《そうち》にはうすい金属板《きんぞくばん》がよく使《つか》われる。マイクロプロセッサーが煙《けむり》を感知《かんち》すると電気《でんき》のスイッチが入《はい》り、金属板《きんぞくばん》を高速《こうそく》でふるわせる。すると、耳《みみ》をつんざくような音《おと》が鳴《な》る。

ソーラーパネル

太陽《たいよう》エネルギーはけた外《はず》れのパワーをもっている。たった１時間照《じかんて》るだけで、世界中《せかいじゅう》の人《ひと》がまる１年使《ねんつか》っても使《つか》いきれないエネルギーをもたらすのだから。ソーラーパネルは、この太陽《たいよう》エネルギーをうまく使《つか》って、熱《あつ》いシャワーを出《だ》したり、好《す》きなテレビ番組《ばんぐみ》を見《み》られるようにする。では、ソーラーパネルのしくみを見《み》ていこう。

1 太陽《たいよう》エネルギーには

太陽《たいよう》エネルギーで、水《みず》をあたためたり電気《でんき》をつくったりできる。風呂《ふろ》やシャワー、暖房用《だんぼうよう》に水《みず》をあたためるときは太陽熱《たいようねつ》エネルギーを使《つか》う。家庭《かてい》の電化製品《でんかせいひん》を使《つか》うには、太陽光《たいようこう》エネルギーで得《え》た電気《でんき》を使《つか》う。

2 ソーラーパネルの設置《せっち》

太陽熱《たいようねつ》エネルギー用《よう》パネルも、太陽光《たいようこう》エネルギー用《よう》パネルも、屋根《やね》の上《うえ》の太陽光《たいようこう》をいちばん取《と》り込《こ》みやすい向《む》きに取《と》りつける。見《み》た目《め》は似《に》ているが、もし管《くだ》でできたパネルを見《み》かけたら、それは必《かなら》ず水《みず》をあたためるのに使《つか》う熱《ねつ》エネルギー用《よう》のパネルだ。

3 ポンプを使《つか》って

この家《いえ》では、太陽熱《たいようねつ》エネルギーをつくるのにポンプを使《つか》っている。家《いえ》じゅうをめぐらしたパイプにポンプで液体《えきたい》を送《おく》り込《こ》む。このパイプは温水《おんすい》タンクから出《で》て屋根《やね》まで続《つづ》き、ソーラーパネルを回《まわ》ってタンクにもどる。

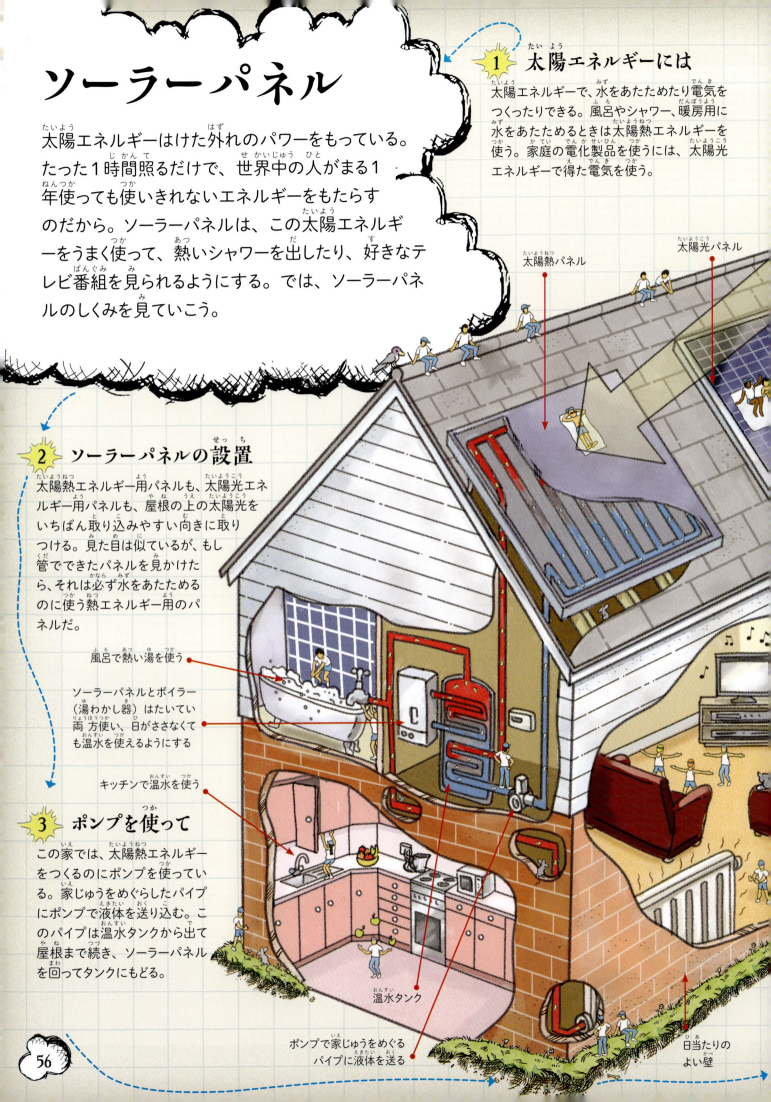

6 音楽《おんがく》を楽《たの》しむ

スマホは、イヤホンで聴《き》いても、スピーカーにつないでも良《よ》い音《おと》で聴《き》ける。聴《き》きたい音楽《おんがく》を買《か》ってダウンロードする（自分《じぶん》のコンピューターに情報《じょうほう》を移《うつ》す）こともできるし、インターネットの**ストリーミング**サービスで音楽《おんがく》を聴《き》くこともできる。ラジオを聴《き》くのと似《に》ているけれど、放送局《ほうそうきょく》がつくった番組《ばんぐみ》とちがって、聴《き》きたい曲《きょく》を選《えら》べる。スマホは作曲《さっきょく》もできる。ギターやドラム、キーボードなどいろいろな楽器《がっき》のアプリを買《か》えば、本物《ほんもの》のような音《おと》が出《だ》せる。そのアプリで自分《じぶん》の着信音《ちゃくしんおん》をつくったり、歌《うた》や曲《きょく》の録音《ろくおん》もできるよ。

本物《ほんもの》の楽器《がっき》そっくりの音《おと》を出《だ》せるアプリがある。
ヘッドホンを使《つか》えば音《おと》はもっとよくなる！

タブレット

タブレットは大《おお》きなスマホみたいなものだけれど、電話《でんわ》したりショートメッセージを送《おく》ったりはできない。でも、自宅《じたく》やお店《みせ》の無線《むせん》ネットワークを使《つか》えばインターネットにつながるし、外出《がいしゅつ》先《さき》で携帯電話《けいたいでんわ》ネットワークを使《つか》える場合《ばあい》もある。スマホより画面《がめん》が大《おお》きいので、本《ほん》やウェブマガジンやマンガを読《よ》んだり、テレビ番組《ばんぐみ》やインターネット配信《はいしん》のビデオを見《み》たりするのに便利《べんり》だ。宿題《しゅくだい》のレポートを書《か》いたり、ピアノの練習《れんしゅう》もできたりするよ。画面《がめん》が大《おお》きいぶん、使《つか》い道《みち》が広《ひろ》がるわけだ。

タブレットも、スマホのように指《ゆび》でふれて画面《がめん》を上下《じょうげ》、左右《さゆう》に動《うご》かすことができ、好《す》きなアプリのアイコンをタッチして選《えら》べる。きみの持《も》ちかたに合《あ》わせて、たて長《なが》の画面《がめん》になったり、横長《よこなが》の画面《がめん》になったりもするよ。

7 動画《どうが》をアップロードする

インターネットのサイトに、きみの動画《どうが》をアップロードするのはかんたん（アップロードとは、大《おお》きいコンピューターに情報《じょうほう》を移《うつ》すこと）。スマホでは動画《どうが》の容量《ようりょう》を自動的《じどうてき》に圧縮《あっしゅく》してつくるので、アップロードには時間《じかん》がかからない。すぐにほかの人《ひと》たちに見《み》てもらえるよ。

ビデオ配信《はいしん》サービスは無料《むりょう》で使《つか》えるものが多《おお》いが、アカウント（サービスにアクセスするための資格《しかく》）をもつ必要《ひつよう》があり、利用《りよう》には年齢制限《ねんれいせいげん》がある

8 位置情報検索《いちじょうほうけんさく》サービス

スマホに入《はい》っている位置情報《いちじょうほう》アプリを使《つか》えば、自分《じぶん》の今《いま》いる場所《ばしょ》がわかる。どこかへ行《い》きたいときは、徒歩《とほ》でも車《くるま》でも行《い》きかたがすぐにわかる。きみのいる場所《ばしょ》に近《ちか》い映画館《えいがかん》やレストランもアプリで見《み》つかるよ。

位置情報検索《いちじょうほうけんさく》サービスはいつでも好《す》きなときに使《つか》える

ゲームを楽《たの》しむ

タブレットでできるゲームは山《やま》ほどあるよ。無料《むりょう》のゲームも多《おお》いし、有料《ゆうりょう》でも低料金《ていりょうきん》だ。タブレットの特徴《とくちょう》を生《い》かして楽《たの》しむゲームも多《おお》い。たとえば、タブレットごと動《うご》かして車《くるま》の運転《うんてん》をするゲームとか、指《ゆび》で画面《がめん》にタッチしてキャラクターを動《うご》かしたり何《なに》かを投《な》げたり。パソコンやゲーム機《き》で人気《にんき》のゲームが、タブレットで楽《たの》しめることも多《おお》い。

どこにいてもゲームの続《つづ》きができるよ

映画《えいが》を見《み》る

映像《えいぞう》が鮮明《せんめい》に映《うつ》るので、映画《えいが》もじゅうぶん楽《たの》しめる。ベッドやソファでくつろぎながら、また長《なが》いドライブのときにも。ひと月《つき》いくらというインターネットサービスの契約《けいやく》をすれば、映画《えいが》やテレビ番組《ばんぐみ》は見放題《みほうだい》だし、無料《むりょう》で視聴《しちょう》できるサイトなら、好《す》きなだけ楽《たの》しめる。

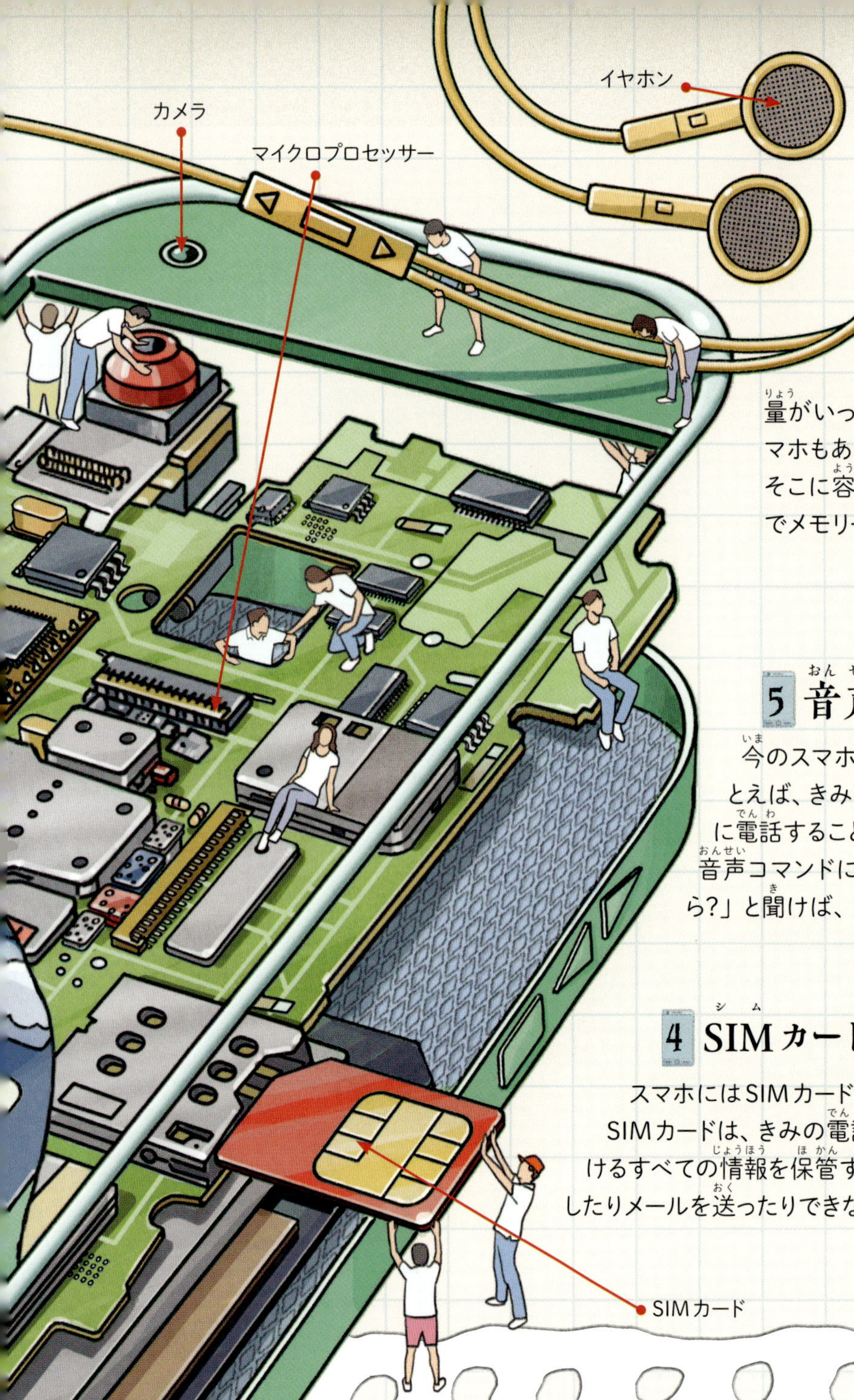

6 メモリーとは?

スマホはアプリというプログラムを使《つか》って、写真《しゃしん》や動画《どうが》を撮《と》ったり、音楽《おんがく》を保存《ほぞん》したりできるけれど、情報《じょうほう》をたくさん取《と》り込《こ》むにはじゅうぶんなメモリー（記憶容量《きおくようりょう》）が必要《ひつよう》だ。容量《ようりょう》がいっぱいになれば、一部《いちぶ》を消《け》して使《つか》うスマホもある。小《ちい》さなさしこみ口《ぐち》がついていて、そこに容量《ようりょう》をもった小《ちい》さなカードをさしこんでメモリーを増《ふ》やせるものもある。

5 音声《おんせい》コマンドって?

今《いま》のスマホは、人《ひと》の声《こえ》を理解《りかい》するほど性能《せいのう》がよい。たとえば、きみはスマホのカレンダーに「午後《ごご》3時《じ》にビリーに電話《でんわ》することを覚《おぼ》えておいて」と声《こえ》で命令《めいれい》できる。また、音声《おんせい》コマンドにしたがうアプリを使《つか》って「プールは何時《なんじ》から?」と聞《き》けば、スマホがインターネットで調《しら》べてくれるよ。

4 SIM《シム》カードを入《い》れよう

スマホにはSIMカード（SIM＝加入者《かにゅうしゃ》識別《しきべつ》モジュール）を入《い》れる。SIMカードは、きみの電話番号《でんわばんごう》など、このスマホがきみの物《もの》だと見分《みわ》けるすべての情報《じょうほう》を保管《ほかん》する小《ちい》さな回路基板《かいろきばん》だ。これなしでは、電話《でんわ》したりメールを送《おく》ったりできないし、インターネットともつながらない。

タッチスクリーンの進化《しんか》

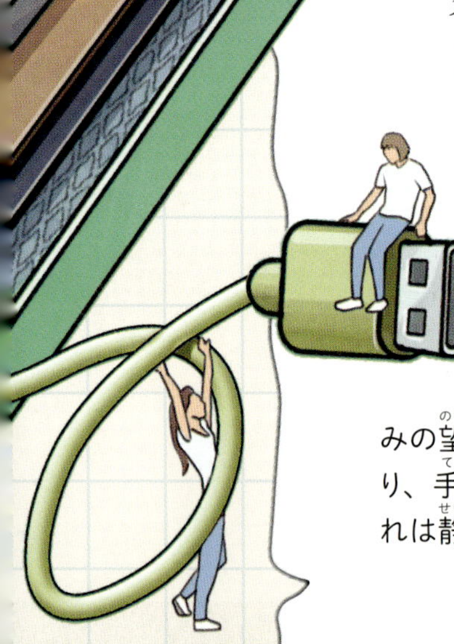

電話《でんわ》したりメールを送《おく》るとき、携帯電話《けいたいでんわ》では小《ちい》さいキー（ボタン）を押《お》すが、スマホではタッチスクリーンを使《つか》う。きみが画面《がめん》のどこかに指《ゆび》でふれたことを、スマホはなぜわかるのだろう。多《おお》くは、パネルのすみから弱《よわ》い電流《でんりゅう》を流《なが》していて、指《ゆび》でタッチすると電流《でんりゅう》の流《なが》れがはばまれ、ふれた場所《ばしょ》がわかる。すると中《なか》のプログラムがはたらき、きみの望《のぞ》み通《どお》りの作業《さぎょう》をしてくれる。アプリをひらいたり、手紙《てがみ》を書《か》いたり、写真《しゃしん》を撮《と》ったりなどなど。これは静電容量式《せいでんようりょうしき》タッチスクリーンといわれる。

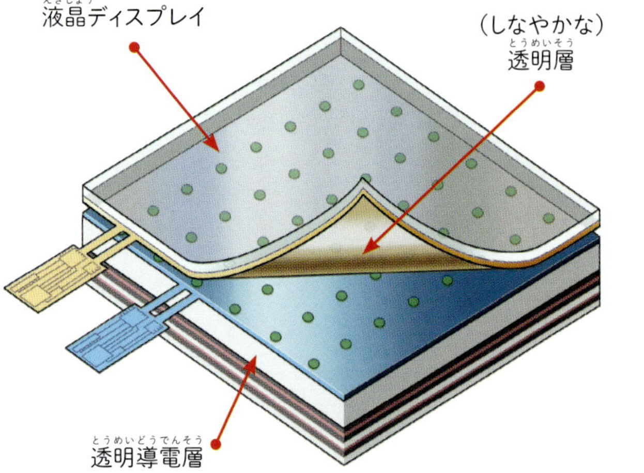

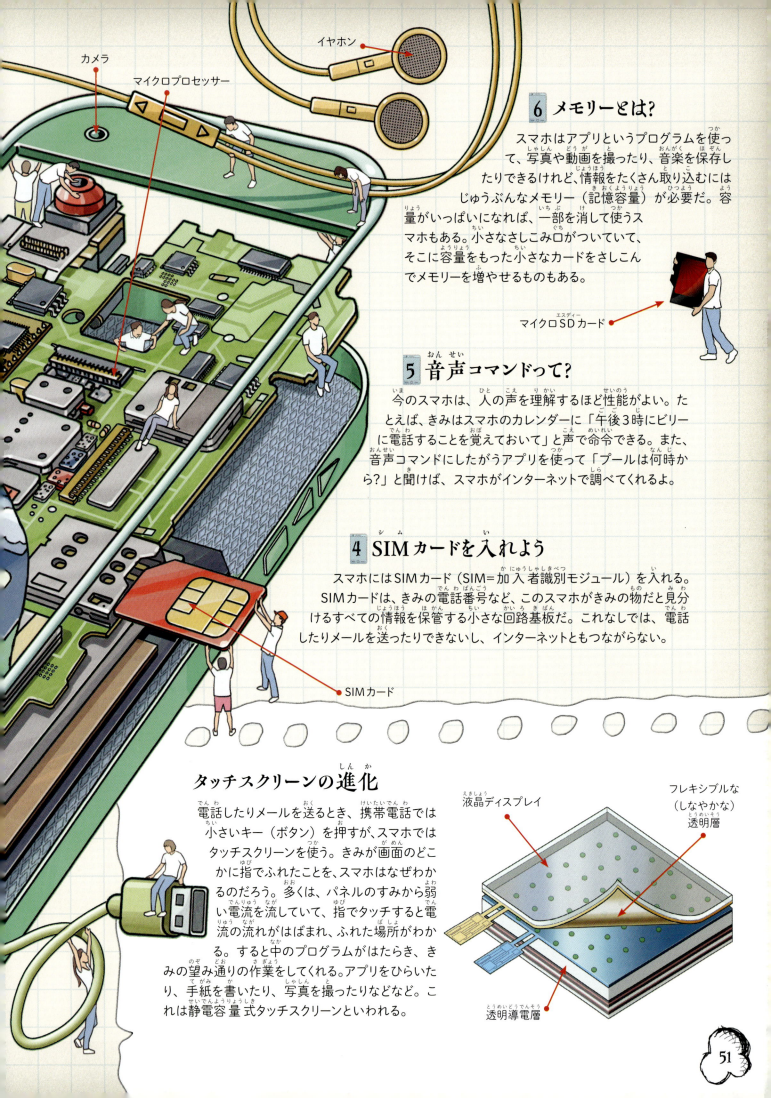

太陽光発電所《たいようこうはつでんしょ》

ソーラーパネルは家庭《かてい》でも使《つか》われるが、大規模《だいきぼ》な太陽光発電所《たいようこうはつでんしょ》もある。太陽光《たいようこう》を集《あつ》める鏡《かがみ》を数千枚《なんぜんまい》も使《つか》い、受信塔《じゅしんとう》とよぶ中央《ちゅうおう》の**受信機《じゅしんき》**へ光《ひかり》を反射《はんしゃ》させる。受信塔《じゅしんとう》からのびるパイプを流《なが》れる液体《えきたい》は、太陽光《たいようこう》であたためられると蒸気《じょうき》に変《か》わる。この蒸気《じょうき》の力《ちから》でタービン（大型《おおがた》エンジンのようなもの）を次々《つぎつぎ》と回《まわ》して電気《でんき》をつくる。電気《でんき》は電信柱《でんしんばしら》や地下《ちか》ケーブルを通《とお》り、やがてきみの家《いえ》に届《とど》く。

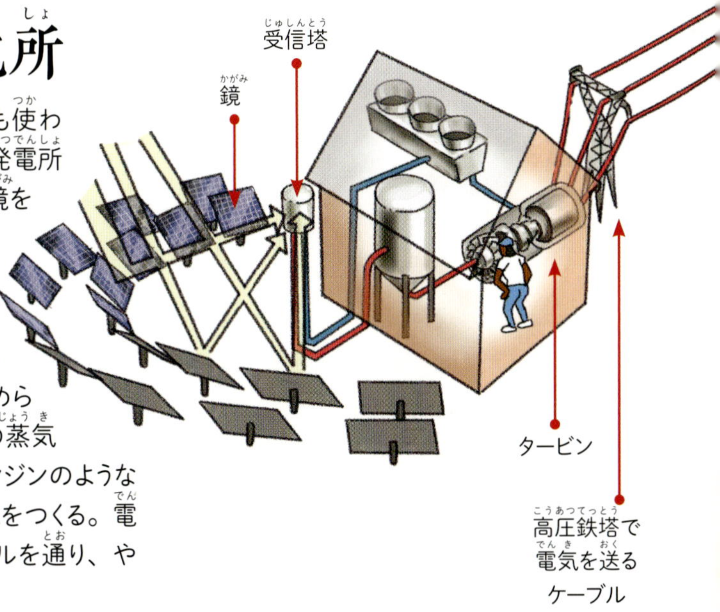

6 あまった電気《でんき》は

つくった電気《でんき》があまっちゃった? きみはそれを電力会社《でんりょくがいしゃ》に売《う》って収入《しゅうにゅう》にしたり、電気代《でんきだい》にかえることもできるよ。

5 どのくらいできた?

太陽光発電《たいようこうはつでん》でつくったエネルギーはメーターを通《とお》るので、発電量《はつでんりょう》がわかる。どの部屋《へや》で電気《でんき》をどれだけ使《つか》うかを決《き》めるのはヒューズ・ボックスだ。

4 あったかい!

パイプの中《なか》の冷《ひ》えた液体《えきたい》は、ソーラーパネルをめぐるとあたたまる。ポンプで押《お》し出《だ》されパネルからタンクにもどってきた液体《えきたい》は、タンク内《ない》の水《みず》をあたため、シャワーや皿洗《さらあら》いを快適《かいてき》にする! パイプの中《なか》の液体《えきたい》は、タンクとパネルをくり返《かえ》し行《い》き来《き》するよ。

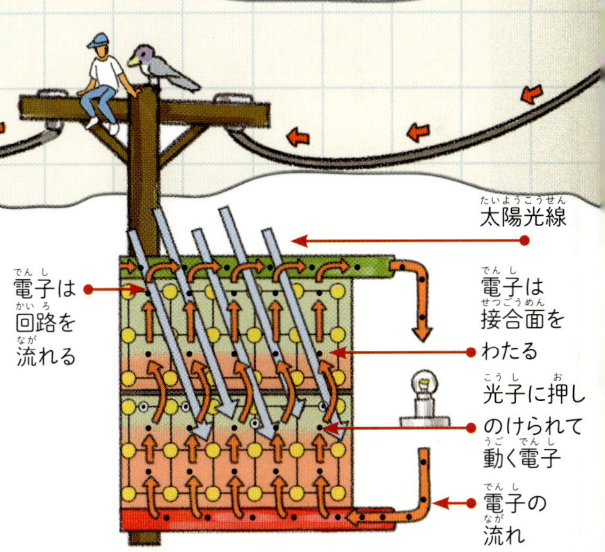

太陽光《たいようこう》パネルのしくみ

ここはちょっと専門的《せんもんてき》な説明《せつめい》だよ。太陽光《たいようこう》パネルは特殊《とくしゅ》なシリコン電池《でんち》でできていて、上部《じょうぶ》のプラス層《そう》と下部《かぶ》のマイナス層《そう》からなる。このため**電池《でんち》**のような電界《でんかい》が生《う》まれる。太陽光《たいようこう》の光子《こうし》というごく小《ちい》さな光《ひかり》の粒《つぶ》がこの電池《でんち》にぶつかると、中《なか》の電子《でんし》をゆさぶり電子《でんし》は動《うご》きだす。これが電気《でんき》の流《なが》れを生《う》む。ただし、このままでは使《つか》えない。テレビやトースターに使《つか》うのとはちがうタイプの電気《でんき》だからだ。そこでインバーター（変換《へんかん》装置《そうち》）という専用《せんよう》の装置《そうち》に通《とお》し、交流電流《こうりゅうでんりゅう》という家庭《かてい》で使《つか》う電気《でんき》に変《か》える。

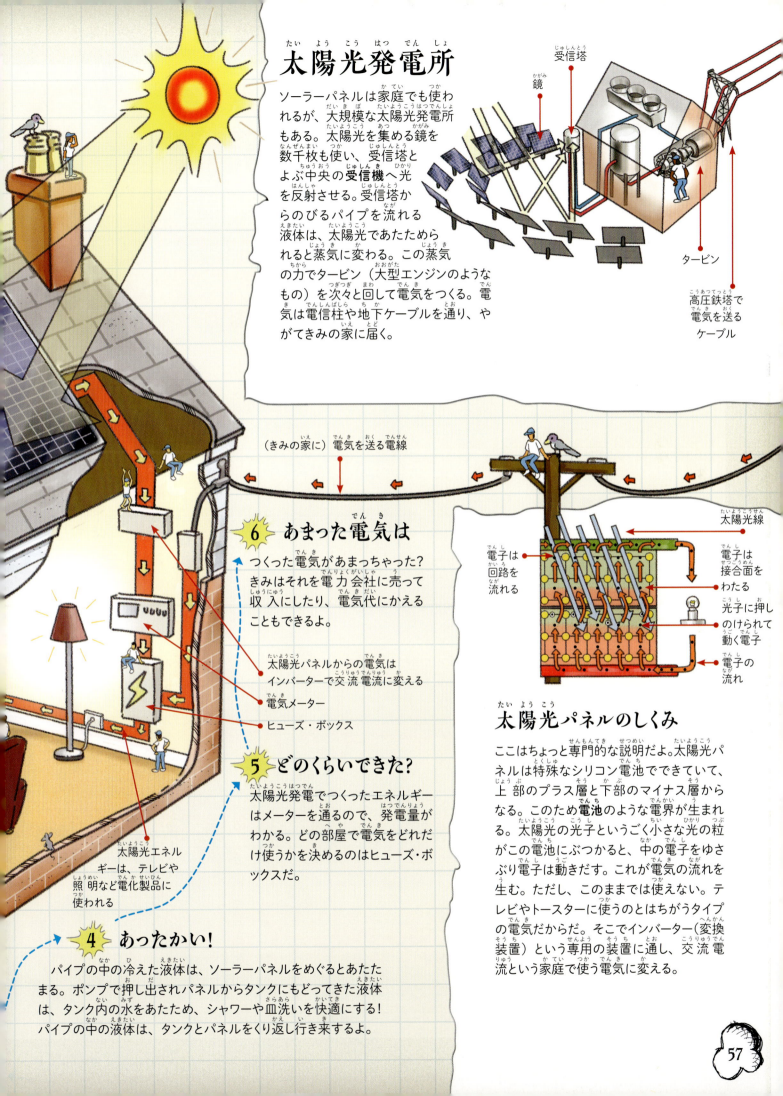

呼《よ》び鈴《りん》

玄関《げんかん》の呼《よ》び鈴《りん》が鳴《な》るしくみがわかるよ。指《ゆび》でボタンを押《お》すと電気《でんき》が磁界《じかい》をつくり、ハンマーが引《ひ》っぱられてベルをたたき、音《おと》が出《で》る。でも「ピンポーン」と一度《いちど》鳴《な》るだけでは、気《き》づかないかもしれない。この呼《よ》び鈴《りん》はうまいことに、ボタンを押《お》しているあいだじゅう、ベルが鳴《な》るようなしくみになっている。これなら気《き》がつくよね！

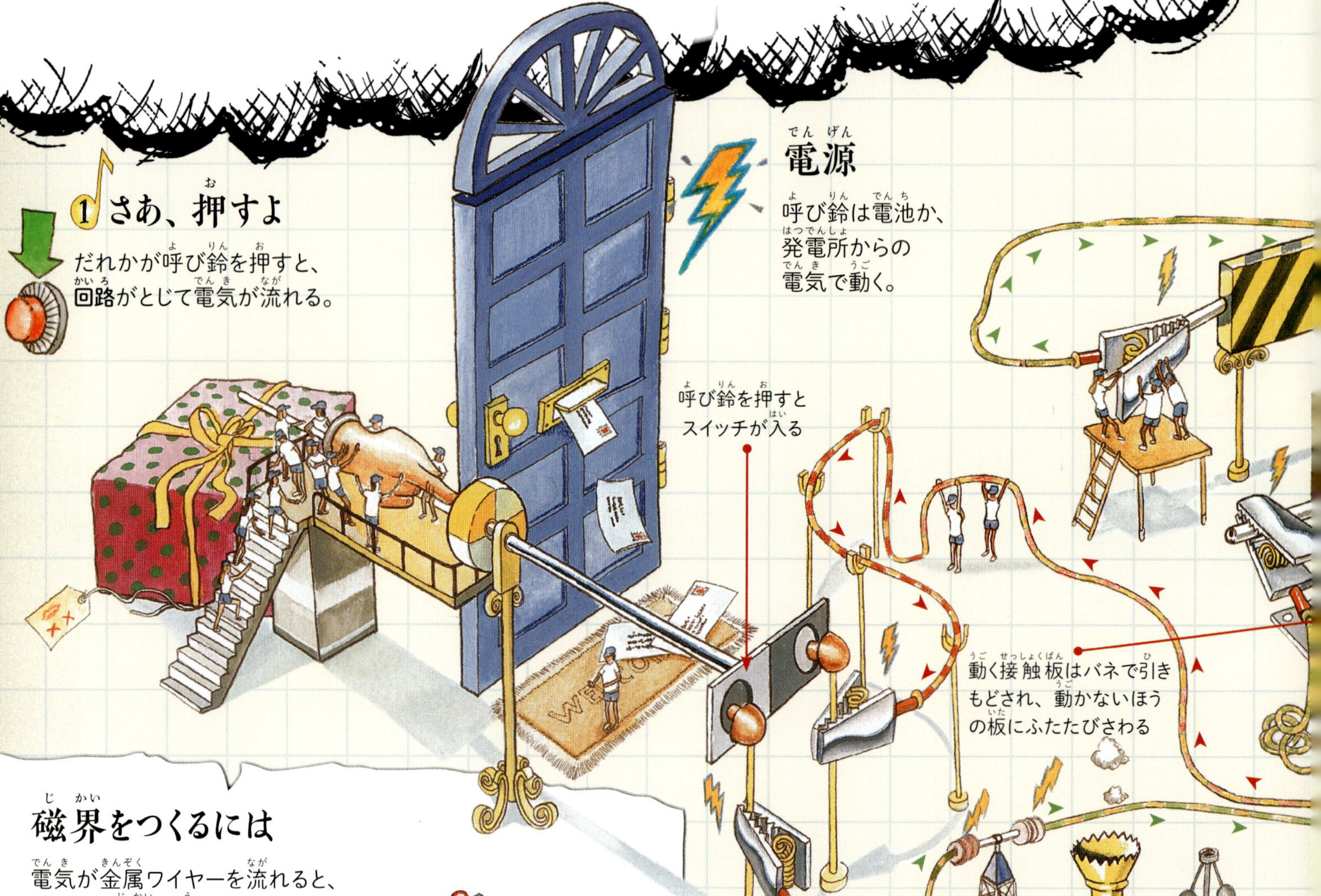
1 さあ、押《お》すよ
だれかが呼《よ》び鈴《りん》を押《お》すと、回路《かいろ》がとじて電気《でんき》が流《なが》れる。
電源《でんげん》
呼《よ》び鈴《りん》は電池《でんち》か、発電所《はつでんしょ》からの電気《でんき》で動《うご》く。
呼《よ》び鈴《りん》を押《お》すとスイッチが入《はい》る
動《うご》く接触板《せっしょくばん》はバネで引《ひ》きもどされ、動《うご》かないほうの板《いた》にふたたびさわる
変圧器《へんあつき》

磁界《じかい》をつくるには

電気《でんき》が金属《きんぞく》ワイヤーを流《なが》れると、まわりに磁界《じかい》が生《う》まれる。ワイヤーを囲《かこ》むようにコンパスをおくと、磁界《じかい》があることがわかるよ。コンパスの針《はり》はふつうは北《きた》をさしているが、電気《でんき》がワイヤーを流《なが》れると、針《はり》は磁界《じかい》のあるところをさす。このワイヤーは磁力《じりょく》をもち、金属《きんぞく》でできた物《もの》を引《ひ》きつけたり反発《はんぱつ》させたりする。

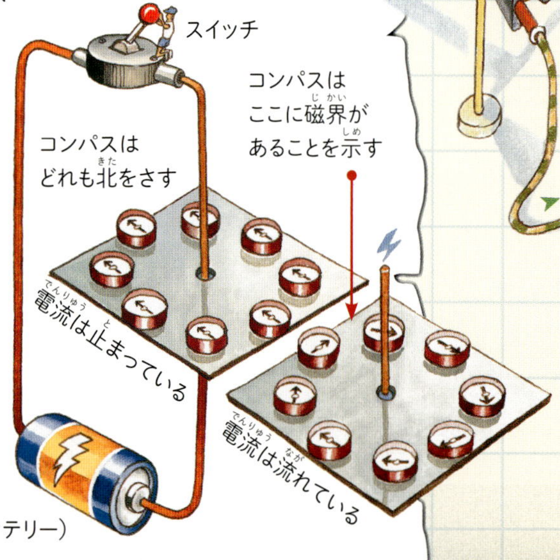
スイッチ
コンパスはどれも北《きた》をさす
コンパスはここに磁界《じかい》があることを示《しめ》す
電流《でんりゅう》は止《と》まっている
電流《でんりゅう》は流《なが》れている
電池《でんち》（バッテリー）

③ ハンマーでベルをたたく

呼《よ》び鈴《りん》には金属《きんぞく》でできた2枚《まい》の**接触板《せっしょくばん》**がある。1つは動《うご》かず、もう1つはバネのついたアームで前後《ぜんご》にスライドする。このアームには、ベルをたたくハンマーが取《と》りつけられている。電流《でんりゅう》は2枚《まい》の接触板《せっしょくばん》を流《なが》れたのち**電磁石《でんじしゃく》**をめぐる。すると磁場《じば》が生《う》まれ、動《うご》くほうの接触板《せっしょくばん》が電磁石《でんじしゃく》へ引《ひ》っぱられると、アームも動《うご》いてハンマーがベルをたたく。

④ ついたり切《き》れたり

アームが動《うご》いたとたん、2枚《まい》の接触板《せっしょくばん》ははなれて回路《かいろ》はとぎれ、電流《でんりゅう》は止《と》まり磁界《じかい》は消《き》える。動《うご》くほうの接触板《せっしょくばん》のアームが、ばねの力《ちから》で引《ひ》きもどされると、2枚《まい》の板《いた》はふたたび触《ふ》れあい、電気《でんき》が流《なが》れ、また同《おな》じことがくり返《かえ》される。

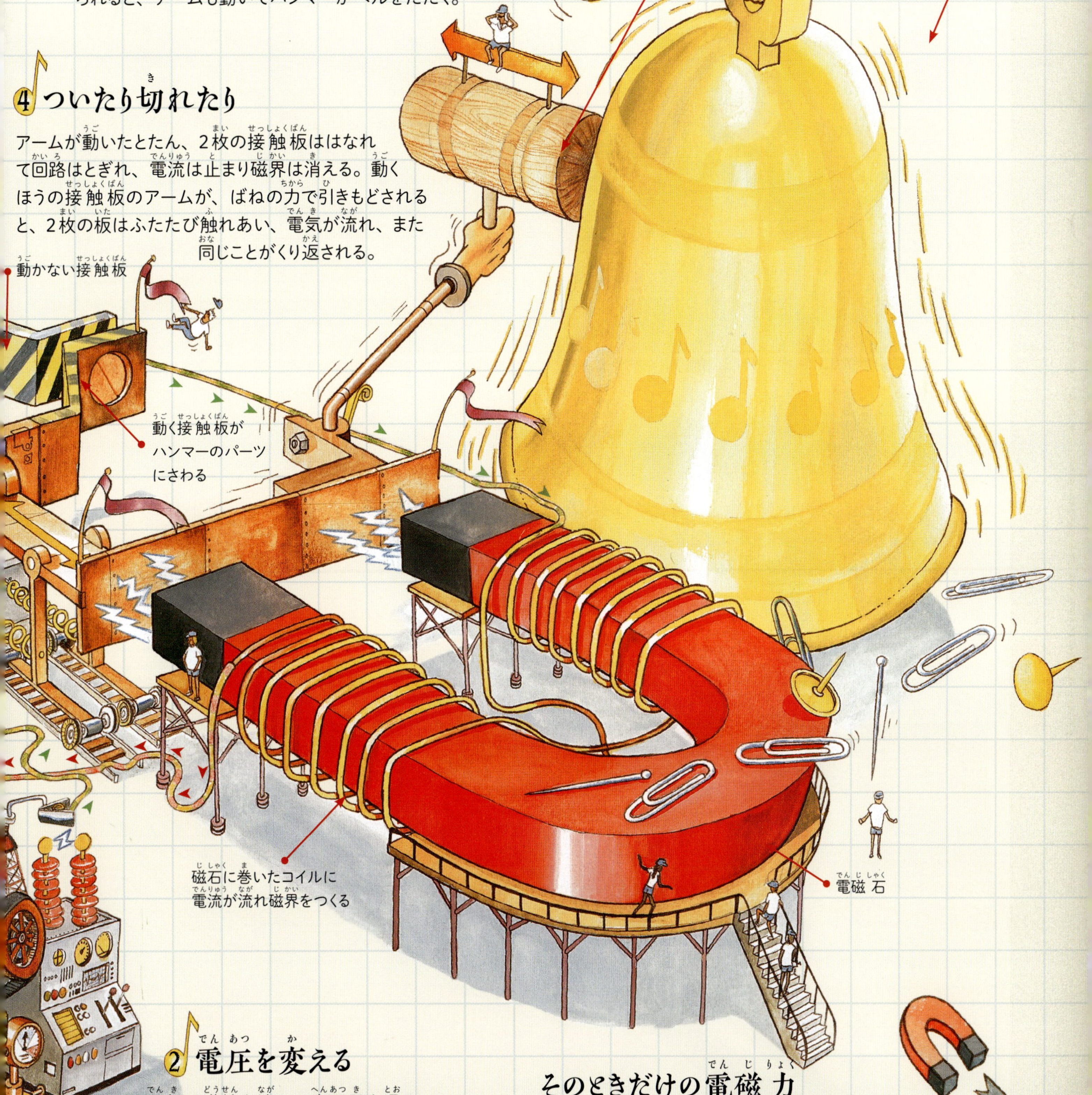

② 電圧《でんあつ》を変《か》える

電気《でんき》は導線《どうせん》を流《なが》れて変圧器《へんあつき》を通《とお》る。ここで電圧《でんあつ》（回路《かいろ》を流《なが》れる電子《でんし》を「押《お》す」電気《でんき》の力《ちから》）を下《さ》げる。テレビとちがって、呼《よ》び鈴《りん》は電圧《でんあつ》の低《ひく》い回路《かいろ》でじゅうぶんだからだ。

そのときだけの電磁力《でんじりょく》

ふつうの磁石《じしゃく》はつねに磁力《じりょく》をもつので、呼《よ》び鈴《りん》には使《つか》われない。電磁石《でんじしゃく》は電気《でんき》が流《なが》れるときだけ磁力《じりょく》が生《う》まれる。

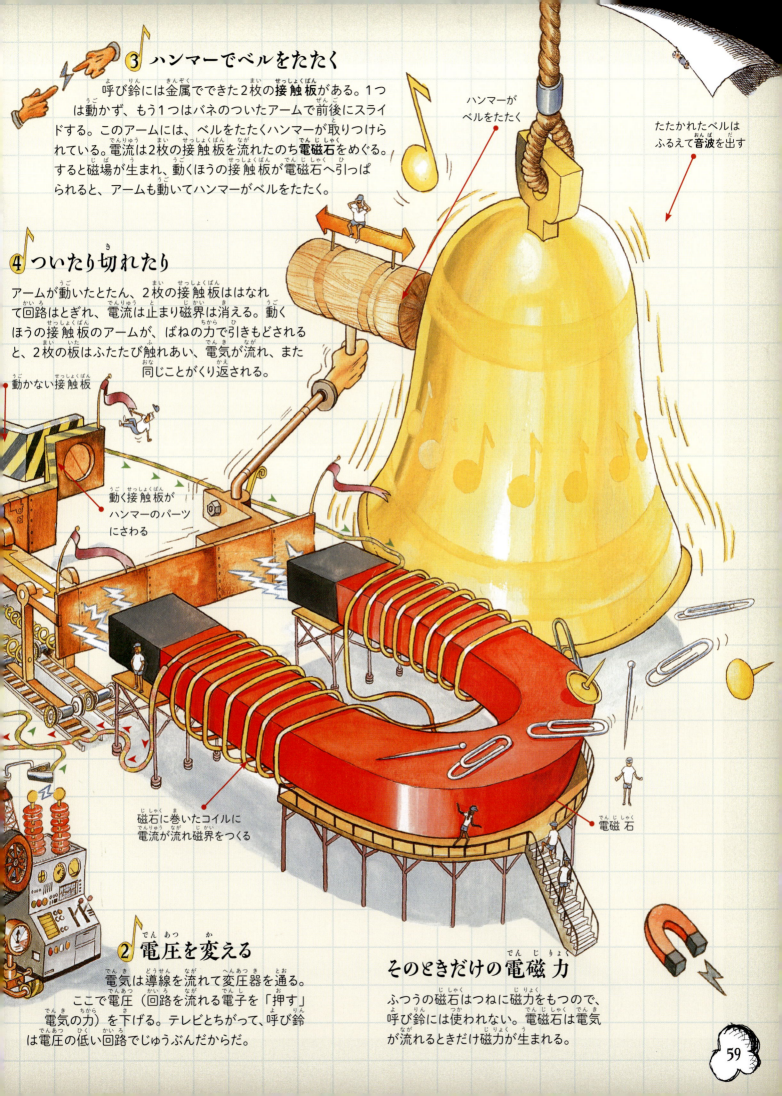

3D《スリーディー》プリンター

たとえば新《あたら》しいマグカップがほしいと思《おも》ったとき、ふつうは買《か》いにいくよね。でも、パソコンからデータをよびだし、ちょっと手《て》を加《くわ》えるだけで新《あたら》しいマグカップをつくれたらすごくない?
3Dプリンターがあれば、それができてしまうんだ!

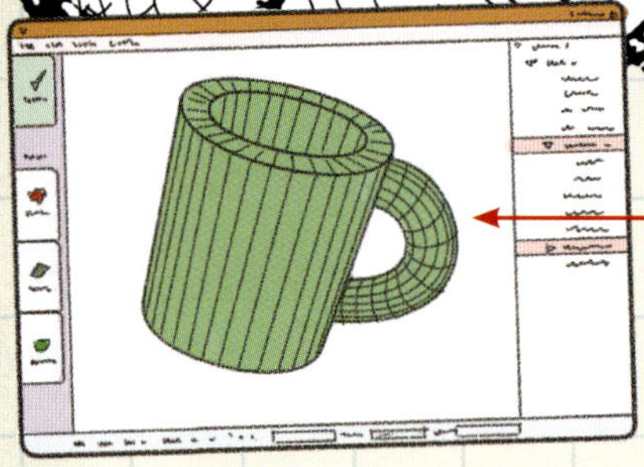
まずは
図面《ずめん》を用意《ようい》

① コンピューターでモデルをつくる

まず図面《ずめん》を用意《ようい》して、どんな物《もの》がほしいかをプリンターに伝《つた》える。図面《ずめん》をもとにCAD（キャド、コンピューターによる設計《せっけい》・製図《せいず》システム）という専用《せんよう》ソフトで立体的《りったいてき》な3Dのモデルをつくる。CADは、つくりたい物《もの》の図面《ずめん》をすみずみまでくわしく測《はか》り、本物《ほんもの》と寸分《すんぶん》ちがわない立体《りったい》モデルをつくることができる。もとになる図面《ずめん》は、インターネットの無料《むりょう》サイトでいくらでも手《て》に入《はい》るよ。

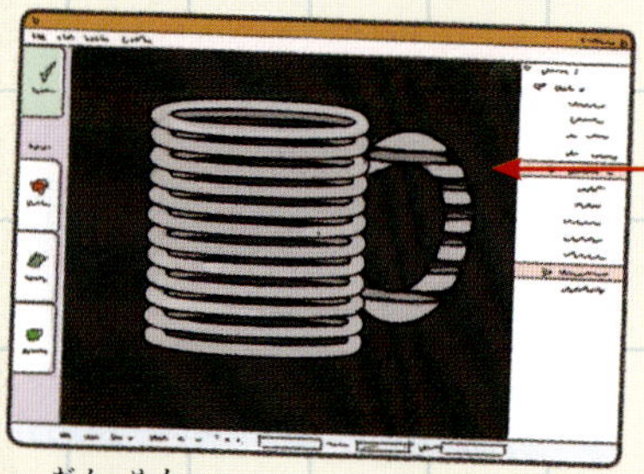
図面《ずめん》をスライスしてモデルをつくる計画《けいかく》を立《た》てる

② 断面《だんめん》のプログラムをつくる

立体《りったい》モデルができたら、コンピューターでそれをうすく「スライス」にしたプログラムをつくる。このプログラムが重要《じゅうよう》だ。

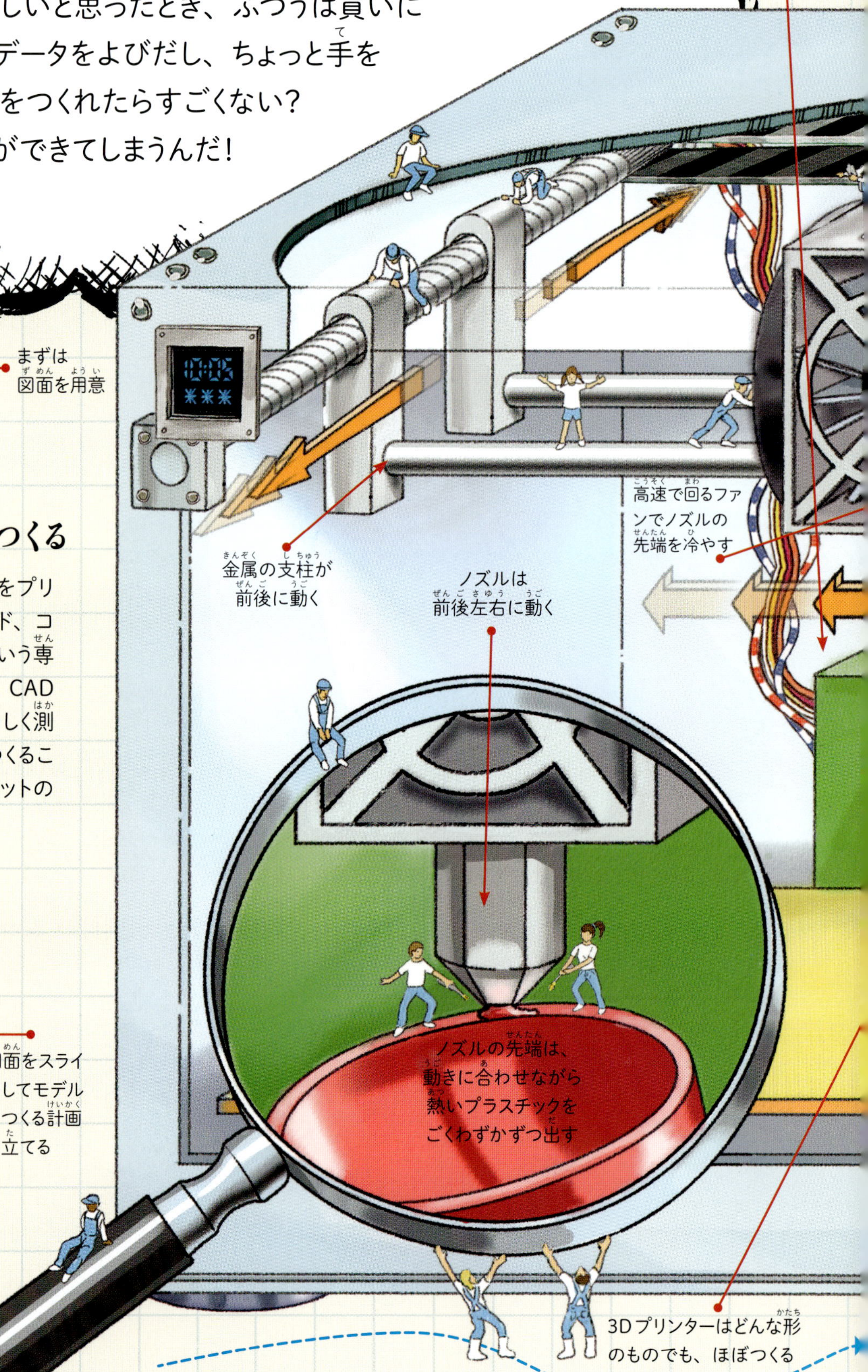
電源《でんげん》
高速《こうそく》で回《まわ》るファンでノズルの先端《せんたん》を冷《ひ》やす
金属《きんぞく》の支柱《しちゅう》が前後《ぜんご》に動《うご》く
ノズルは前後左右《ぜんごさゆう》に動《うご》く
ノズルの先端《せんたん》は、動《うご》きに合《あ》わせながら熱《あつ》いプラスチックをごくわずかずつ出《だ》す
3Dプリンターはどんな形《かたち》のものでも、ほぼつくることができる

③ いよいよプリンター登場《とうじょう》

ふつうのプリンターは、紙《かみ》にインクを吹《ふ》きつけるノズルが行《い》ったり来《き》たり一直線《いっちょくせん》に動《うご》く。でも、3Dプリンターのノズルは前後左右《ぜんごさゆう》に動《うご》くんだ。

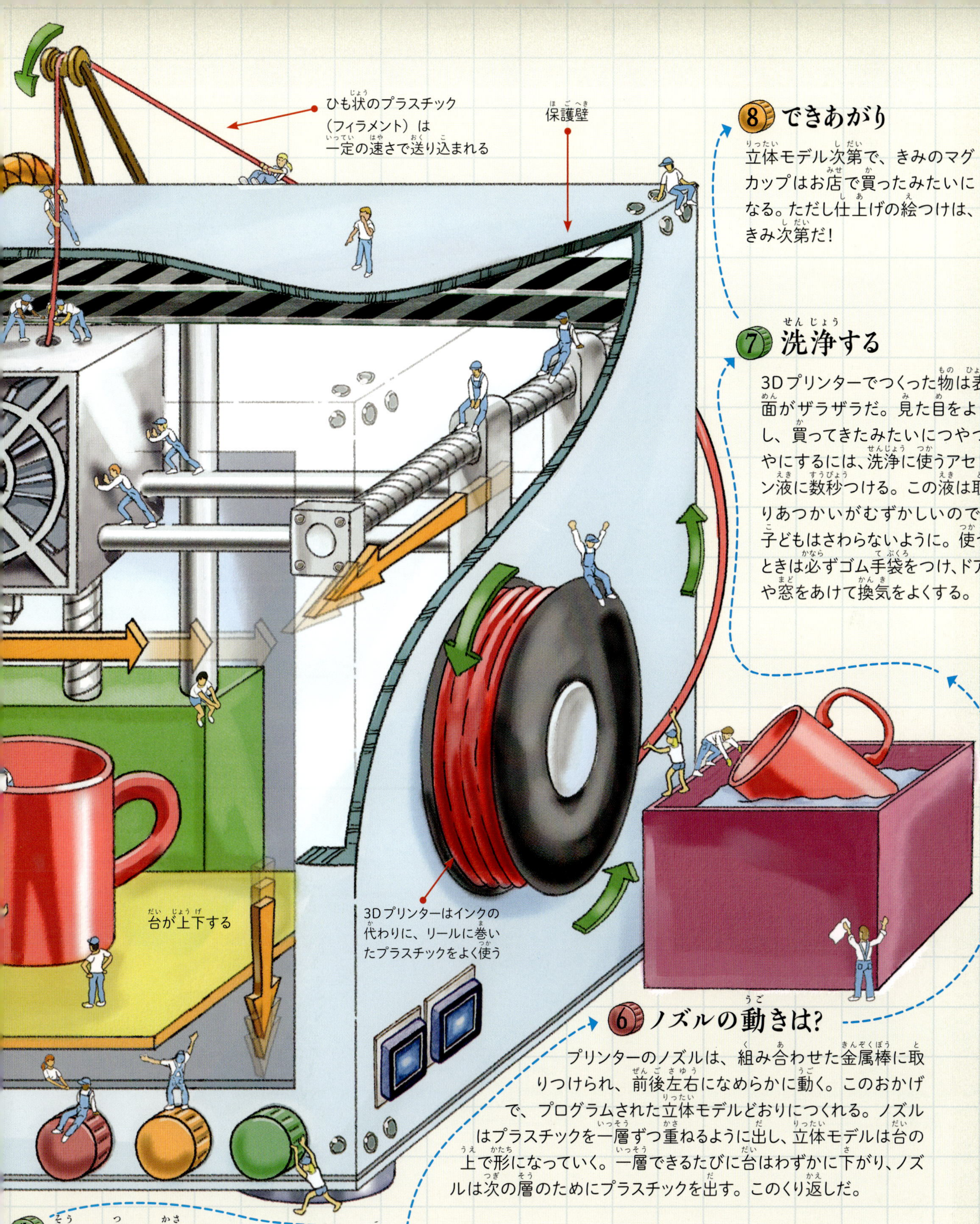
ひも状《じょう》のプラスチック
（フィラメント）は
一定《いってい》の速《はや》さで送《おく》り込《こ》まれる
保護壁《ほごへき》
台《だい》が上下《じょうげ》する
3Dプリンターはインクの代《か》わりに、リールに巻《ま》いたプラスチックをよく使《つか》う

④ 層《そう》に積《つ》み重《かさ》ねる

物《もの》をつくるときは、たいてい機械《きかい》などで大《おお》まかな形《かたち》を削《けず》り出《だ》してつくりはじめるよね。でも3Dプリンターはちがう。ごくうすい層《そう》にした断面《だんめん》を、1枚《まい》1枚《まいつ》積《つ》み重《かさ》ねて形《かたち》をつくるんだ。

⑤ 材料《ざいりょう》はおもにプラスチック

3Dプリンターにインクはいらない。プラスチックなどさまざまな材料《ざいりょう》でつくるからだ。プラスチックは釣《つ》り糸《いと》みたいにリールに巻《ま》いてプリンターの横《よこ》に取《と》りつけ、ノズルのついた管《くだ》に送《おく》り込《こ》まれる。プラスチックは熱《ねっ》して溶《と》かされ、ノズルから出《で》てくる。

⑥ ノズルの動《うご》きは?

プリンターのノズルは、組《く》み合《あ》わせた金属棒《きんぞくぼう》に取《と》りつけられ、前後左右《ぜんごさゆう》になめらかに動《うご》く。このおかげで、プログラムされた立体《りったい》モデルどおりにつくれる。ノズルはプラスチックを一層《いっそう》ずつ重《かさ》ねるように出《だ》し、立体《りったい》モデルは台《だい》の上《うえ》で形《かたち》になっていく。一層《いっそう》できるたびに台《だい》はわずかに下《さ》がり、ノズルは次《つぎ》の層《そう》のためにプラスチックを出《だ》す。このくり返《かえ》しだ。

⑦ 洗浄《せんじょう》する

3Dプリンターでつくった物《もの》は表面《ひょうめん》がザラザラだ。見《み》た目《め》をよくし、買《か》ってきたみたいにつやつやにするには、洗浄《せんじょう》に使《つか》うアセトン液《えき》に数秒《すうびょう》つける。この液《えき》は取《と》りあつかいがむずかしいので、子《こ》どもはさわらないように。使《つか》うときは必《かなら》ずゴム手袋《てぶくろ》をつけ、ドアや窓《まど》をあけて換気《かんき》をよくする。

⑧ できあがり

立体《りったい》モデル次第《しだい》で、きみのマグカップはお店《みせ》で買《か》ったみたいになる。ただし仕上《しあ》げの絵《え》つけは、きみ次第《しだい》だ!

天気予報《てんきよほう》

あしたは晴《は》れ?　それとも雨《あめ》?——テレビの天気予報《てんきよほう》を見《み》ればわかるよね。だけど、気象予報士《きしょうよほうし》はどうやって天気《てんき》を予想《よそう》するんだろう?　予報士《よほうし》は世界中《せかいじゅう》の天気《てんき》を調《しら》べて、どのように変《か》わるのかを数日先《すうじつさき》まで予測《よそく》するんだ。

気象観測気球《きしょうかんそくききゅう》

2 空《そら》の上《うえ》でも

気象予報士《きしょうよほうし》ははるか上空《じょうくう》の大気《たいき》と、地上《ちじょう》に近《ちか》い大気《たいき》の両方《りょうほう》の変化《へんか》を知《し》る必要《ひつよう》がある。毎日《まいにち》数百個《すうひゃっこ》の気象観測気球《きしょうかんそくききゅう》を、高度《こうど》32キロメートルの上空《じょうくう》まで飛《と》ばす。気球《ききゅう》には気象《きしょう》の状態《じょうたい》を調《しら》べる装置《そうち》がのせてあり、その結果《けっか》は自動的《じどうてき》に観測所《かんそくじょ》へ送《おく》られる。

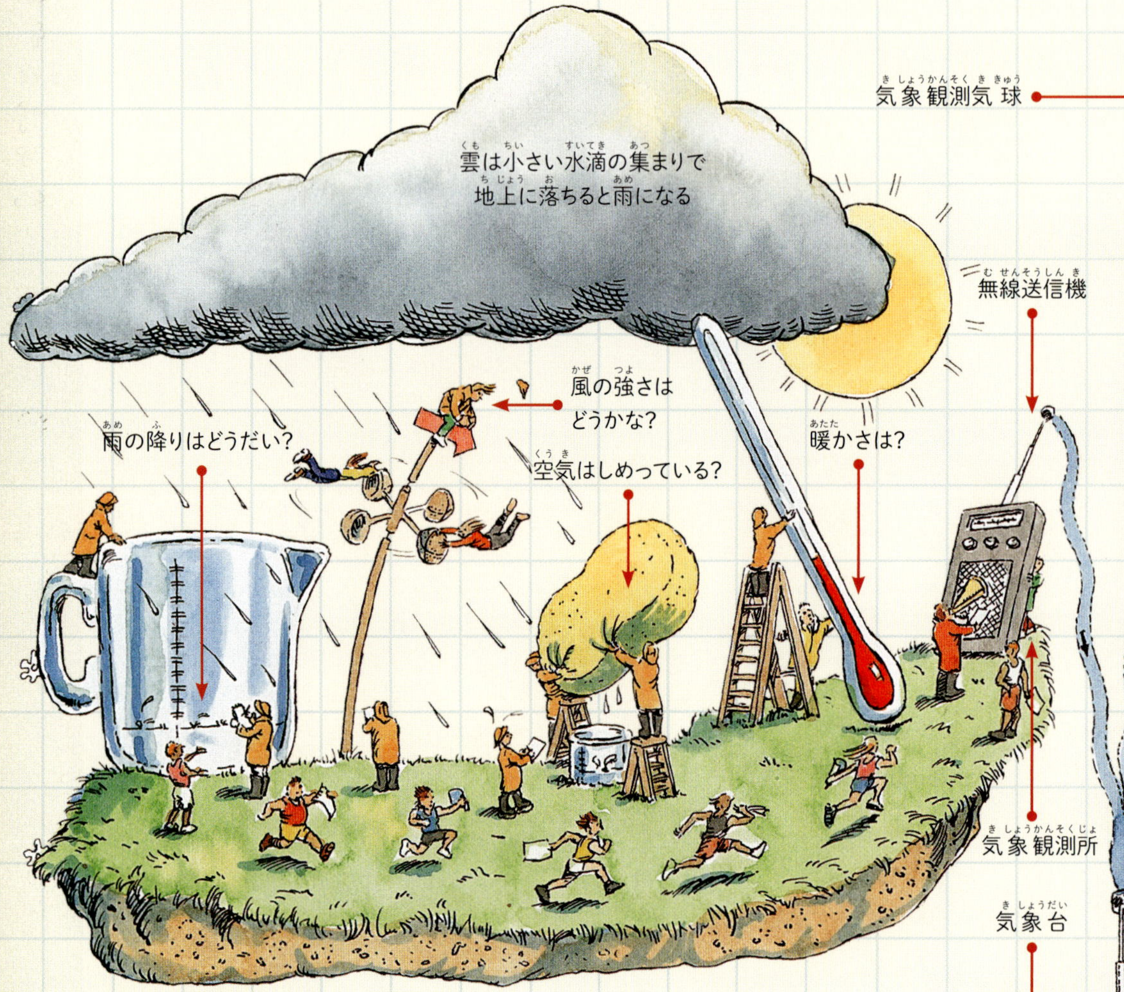
雲《くも》は小《ちい》さい水滴《すいてき》の集《あつ》まりで
地上《ちじょう》に落《お》ちると雨《あめ》になる
風《かぜ》の強《つよ》さは
どうかな?
雨《あめ》の降《ふ》りはどうだい?
空気《くうき》はしめっている?
暖《あたた》かさは?
無線送信機《むせんそうしんき》
気象観測所《きしょうかんそくじょ》

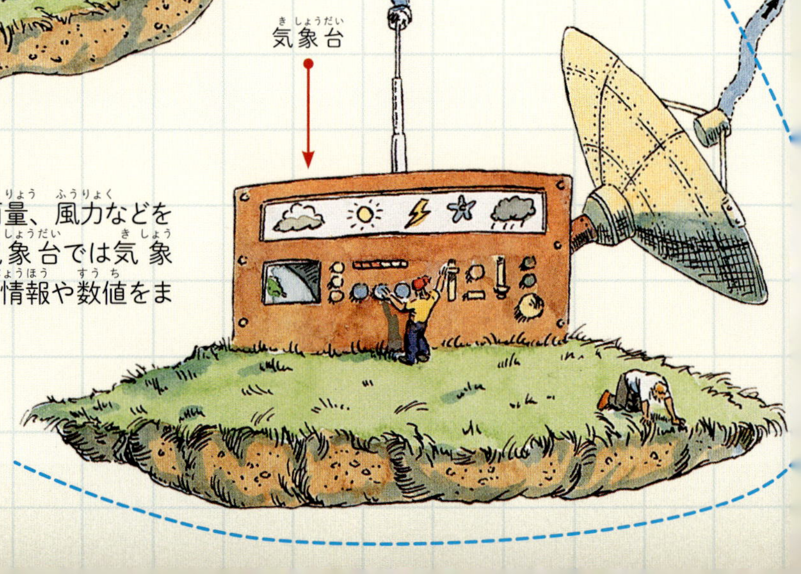
気象台《きしょうだい》

1 気象《きしょう》を調《しら》べる

気象観測所《きしょうかんそくじょ》は世界中《せかいじゅう》で大気《たいき》の湿度《しつど》、気圧《きあつ》、気温《きおん》、降雨量《こううりょう》、風力《ふうりょく》などを測《はか》る。観測《かんそく》の結果《けっか》は電波《でんぱ》で各地《かくち》の気象台《きしょうだい》へ送《おく》られる。気象台《きしょうだい》では気象《きしょう》観測気球《かんそくききゅう》や**人工衛星**《じんこうえいせい》、各地《かくち》の気象観測所《きしょうかんそくじょ》から送《おく》ってきた情報《じょうほう》や数値《すうち》をまとめたり、集《あつ》まった情報《じょうほう》を別《べつ》の人工衛星《じんこうえいせい》に送《おく》ったりする。

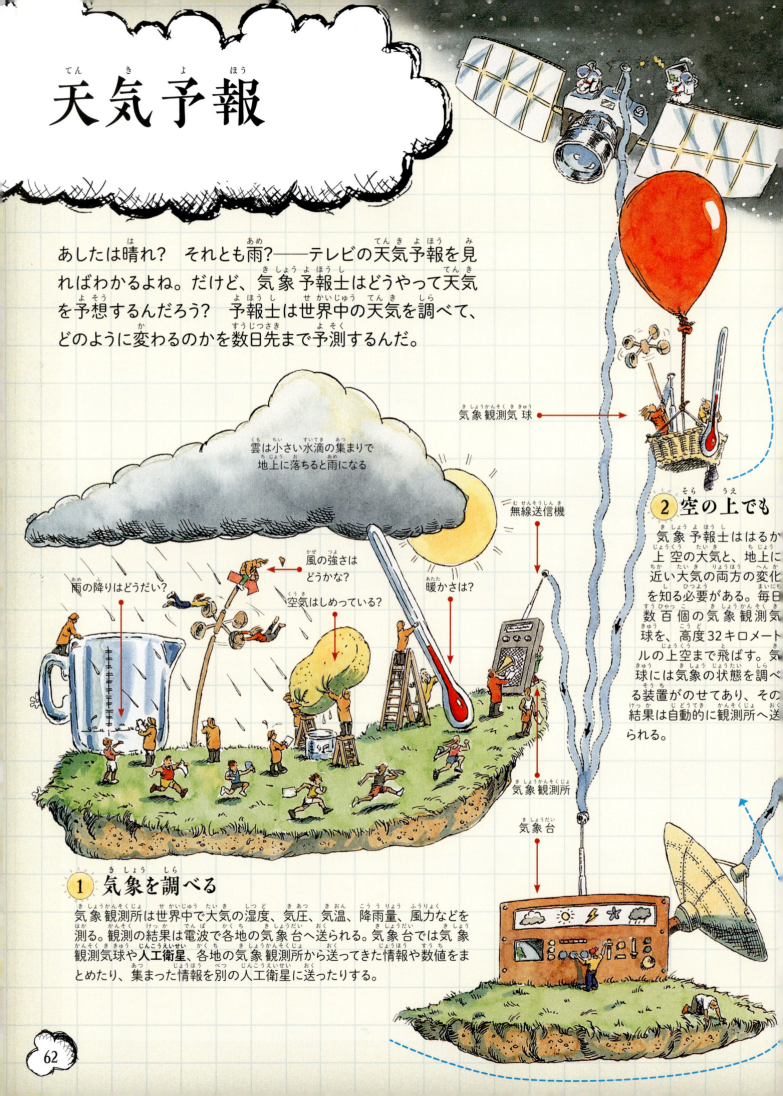

3 宇宙《うちゅう》からも

地球《ちきゅう》を回《まわ》る人工衛星《じんこうえいせい》は、宇宙《うちゅう》からはるか下《した》の地球《ちきゅう》の写真《しゃしん》を撮《と》って、地上《ちじょう》の観測所《かんそくじょ》へ送《おく》る。気象《きしょう》予報士《よほうし》はそれを見《み》て、雲《くも》の位置《いち》や気象《きしょう》の変化《へんか》を知《し》る。

4 コンピューターが予測《よそく》

グローバル通信衛星《つうしんえいせい》（ＧＴＳ《ジーティーエス》）は世界中《せかいじゅう》の情報《じょうほう》を受《う》けとり、主要《しゅよう》な気象局《きしょうきょく》に送信《そうしん》する。送《おく》られた情報《じょうほう》はここで、スーパーコンピューターというとても性能《せいのう》の高《たか》い機械《きかい》に送《おく》り込《こ》まれる。コンピューターは高度《こうど》な計算《けいさん》をして、各《かく》気象《きしょう》観測所《かんそくじょ》での次《つぎ》の測定値《そくていち》を予測《よそく》し、知《し》らせる。

5 気象図《きしょうず》をつくる

コンピューターは次《つぎ》に、各地《かくち》の天気《てんき》がどのようになるかを示《しめ》す気象図《きしょうず》をつくる。

6 明日《あす》の天気《てんき》は？

テレビの気象予報士《きしょうよほうし》は、コンピューターの気象図《きしょうず》をもとに私《わたし》たちにわかる天気図《てんきず》をつくる。太陽《たいよう》が少《すこ》しでも出《で》るなら晴《は》れ、雲《くも》が発生《はっせい》するなら曇《くも》り、水滴《すいてき》が生《しょう》じるなら雨《あめ》など。明日《あす》はコートを着《き》るか、ショートパンツで過《す》ごせるか、こうしてわかるんだね！

テレビ

すわったままで火星《かせい》に行《い》ったり、スポーツの試合《しあい》をチェックしたり、遠《とお》い国《くに》の野生動物《やせいどうぶつ》を見《み》たり……。そんなことができるのは、なんといってもテレビだね！　でも、テレビのしくみは知《し》っているかな？

1 カメラで撮《と》った画像《がぞう》は

テレビカメラは、中《なか》に並《なら》んだごく小《ちい》さい**光電管**《こうでんかん》で、画像《がぞう》を電気信号《でんきしんごう》に変《か》える。

2 音声《おんせい》も

マイクは音声《おんせい》を録音《ろくおん》する。音声《おんせい》は画像《がぞう》と同《おな》じように、電気信号《でんきしんごう》として記録《きろく》される。

3 なま放送《ほうそう》？ 録画《ろくが》？

ニュースやスポーツ番組《ばんぐみ》は、よくその場《ば》で起《お》きていることを「なま」で放送《ほうそう》する。ドラマは、録画《ろくが》してあとで放送《ほうそう》することが多《おお》い。

4 信号《しんごう》から波動《はどう》へ

映像《えいぞう》と音声《おんせい》の信号《しんごう》は、テレビの**送信機**《そうしんき》に送《おく》られる。強力《きょうりょく》な磁石《じしゃく》で、電気信号《でんきしんごう》を電波《でんぱ》という見《み》えないエネルギー波《は》に変《か》える。

5 さあ放送《ほうそう》だ

映像《えいぞう》と音声《おんせい》を送《おく》ることを放送《ほうそう》（放映《ほうえい》）という。ラジオ電波《でんぱ》は送信機《そうしんき》から空中《くうちゅう》へ飛《と》ばされる。テレビ番組《ばんぐみ》は電気信号《でんきしんごう》として、ケーブルできみの家《いえ》へ送《おく》られる。

ロケットと人工衛星《じんこうえいせい》

人工衛星《じんこうえいせい》を宇宙《うちゅう》に送《おく》るのは、そう簡単《かんたん》にいかない。地面《じめん》から打《う》ち上《あ》げるには、**低軌道**《ていきどう》（高度《こうど》160キロメートル以上《いじょう》）でもロケットの強力《きょうりょく》なパワーがいる。それ以上《いじょう》の高《たか》さならなおさらだ。なにしろ、持《も》ち上《あ》げるのは人工衛星《じんこうえいせい》の重《おも》さだけじゃない。衛星《えいせい》をのせて運《はこ》ぶ巨大《きょだい》なロケットも、積《つ》んでいる燃料《ねんりょう》だって相当《そうとう》な重《おも》さだからね！

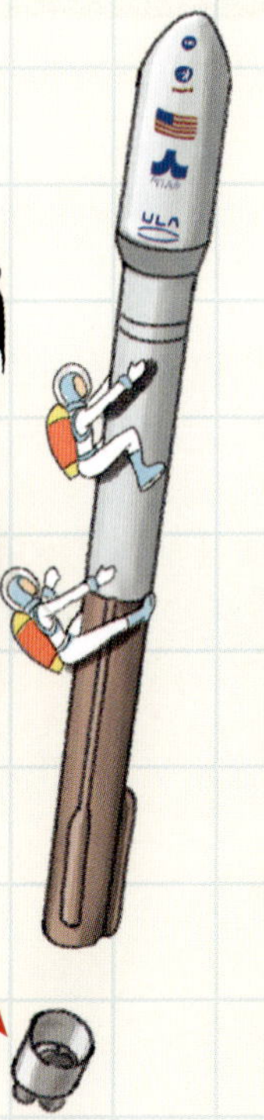

1 ロケットのエンジンは

エンジンはたいてい回転《かいてん》して**推進力**《すいしんりょく》をつくるけれど、ロケットエンジンはちがう。反動《はんどう》エンジンというものだ。ジェット噴射《ふんしゃ》なみに放水《ほうすい》する消防士《しょうぼうし》のホースをかかえて、スケボーに乗《の》るきみを思《おも》いうかべてごらん。ホースからふき出《だ》す水《みず》の勢《いきお》いで、スケボーは反対方向《はんたいほうこう》に押《お》される（これが反動《はんどう》だ）。反動《はんどう》がとても強《つよ》ければ、ホースを持《も》つ消防士《しょうぼうし》は何人《なんにん》も必要《ひつよう》だ！　これがロケットエンジンのはたらきだよ。ただしホースから出《で》るのは、水《みず》でなく燃料《ねんりょう》が燃《も》えたガスだけれど。

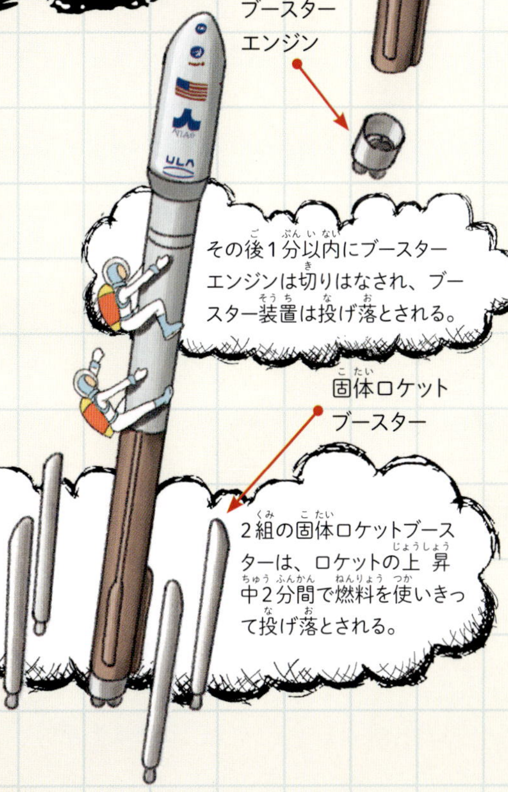
ブースター
エンジン
その後《ご》1分以内《ぶんいない》にブースターエンジンは切《き》りはなされ、ブースター装置《そうち》は投《な》げ落《お》とされる。
固体《こたい》ロケット
ブースター
2組《くみ》の固体《こたい》ロケットブースターは、ロケットの上昇中《じょうしょうちゅう》2分間《ふんかん》で燃料《ねんりょう》を使《つか》いきって投《な》げ落《お》とされる。

ロケットの推進力《すいしんりょく》

ジェット機《き》のエンジンは、燃料《ねんりょう》と空気中《くうきちゅう》の酸素《さんそ》をまぜて燃《も》やし、推進力《すいしんりょく》を得《え》る。でも宇宙《うちゅう》に空気《くうき》はないので、ロケットは酸素《さんそ》を液体《えきたい》にして巨大《きょだい》なタンクに入《い》れて運《はこ》ぶ。

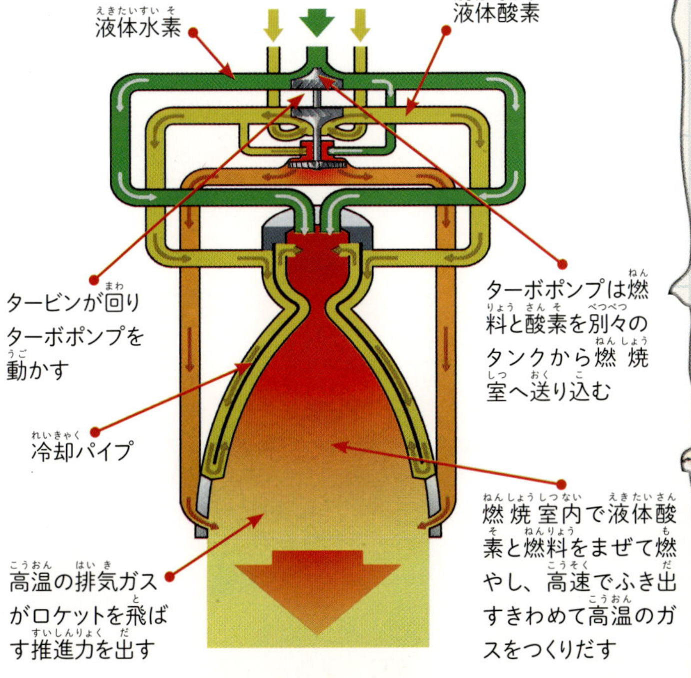
液体水素《えきたいすいそ》
液体酸素《えきたいさんそ》
タービンが回《まわ》りターボポンプを動《うご》かす
ターボポンプは燃料《ねんりょう》と酸素《さんそ》を別々《べつべつ》のタンクから燃焼室《ねんしょうしつ》へ送《おく》り込《こ》む
冷却《れいきゃく》パイプ
燃焼室内《ねんしょうしつない》で液体酸素《えきたいさんそ》と燃料《ねんりょう》をまぜて燃《も》やし、高速《こうそく》でふき出《だ》すきわめて高温《こうおん》のガスをつくりだす
高温《こうおん》の排気《はいき》ガスがロケットを飛《と》ばす推進力《すいしんりょく》を出《だ》す

2 ロケットを打《う》ち上《あ》げる

ロケットはロケット発射台《はっしゃだい》から打《う》ち上《あ》げる。巨大《きょだい》な発射台《はっしゃだい》には2つの目的《もくてき》がある。1つは、エンジニアや技師《ぎし》たちがロケットに燃料《ねんりょう》を満《み》たしたり、問題《もんだい》がないか外《そと》からチェックしたりすること。もう1つは、ロケットを打《う》ち上《あ》げるまでの支《ささ》えとなること。ロケットは特別《とくべつ》なボルト（分離《ぶんり》ボルト）で発射台《はっしゃだい》に固定《こてい》され、ボルトには少量《しょうりょう》の爆薬《ばくやく》が入《はい》っている。ロケットを打《う》ち上《あ》げるとき、この爆薬《ばくやく》に火《ひ》がつき、ボルトがこわれて、ロケットは空《そら》へ飛《と》んでいく。

人《じん》工《こう》衛《えい》星《せい》を軌《き》道《どう》にのせる

1000個《こ》を超《こ》す人工衛星《じんこうえいせい》が、地球《ちきゅう》を回《まわ》りながら作業《さぎょう》をこなしている。テレビを映《うつ》したり、カーナビに情報《じょうほう》を送《おく》ったり、遠方《えんぽう》の人《ひと》との電話《でんわ》をつないだり、気象《きしょう》の観測《かんそく》に役立《やくだ》ったり。ロケットで地球《ちきゅう》の**軌道《きどう》**まで運《はこ》ばれると、衛星《えいせい》の仕事《しごと》のはじまりだ。

軌道《きどう》の種類《しゅるい》

地球《ちきゅう》を回《まわ》る軌道《きどう》にはいろいろある。例《れい》を3つあげよう。

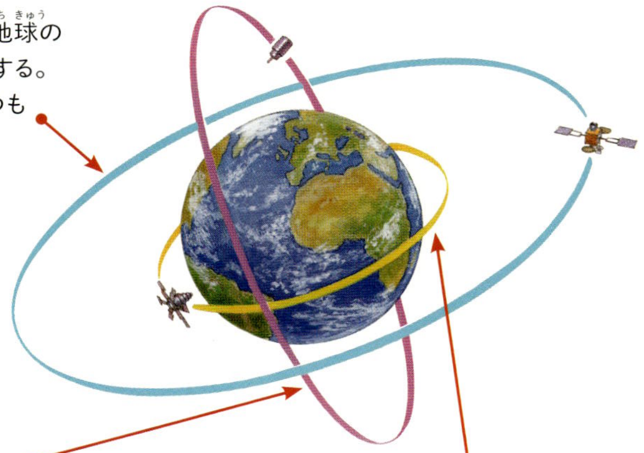

静止軌道《せいしきどう》にいる人工衛星《じんこうえいせい》は、地球《ちきゅう》の自転《じてん》に合《あ》わせて24時間《じかん》で1周《しゅう》する。つまりこの衛星《えいせい》は、地表《ちひょう》のいつも同《おな》じ地点《ちてん》の上《うえ》にいる。静止衛星《せいしえいせい》は地球《ちきゅう》の赤道上《せきどうじょう》を回《まわ》る。

極軌道《きょくきどう》の人工衛星《じんこうえいせい》は北極《ほっきょく》と南《なん》極《きょく》の上《うえ》を通《とお》る。人工衛星《じんこうえいせい》が軌道《きどう》を1周《しゅう》するあいだ、地球《ちきゅう》も自転《じてん》しているので、地上《ちじょう》の広《ひろ》い範囲《はんい》を調査《ちょうさ》することができ、たとえば気象《きしょう》の観測《かんそく》に役《やく》に立《た》つ。

低軌道《ていきどう》を回《まわ》る人工衛星《じんこうえいせい》は、ほかの軌道《きどう》とくらべて打《う》ち上《あ》げに高度《こうど》な技術《ぎじゅつ》がいらず、費《ひ》用《よう》も安《やす》い。送信機《そうしんき》もそれほど高性能《こうせいのう》でなくてよく、費用《ひよう》を抑《おさ》えられる。国際宇宙《こくさいうちゅう》ステーション（ISS《アイエスエス》）はこの低軌道《ていきどう》を飛《と》ぶ。

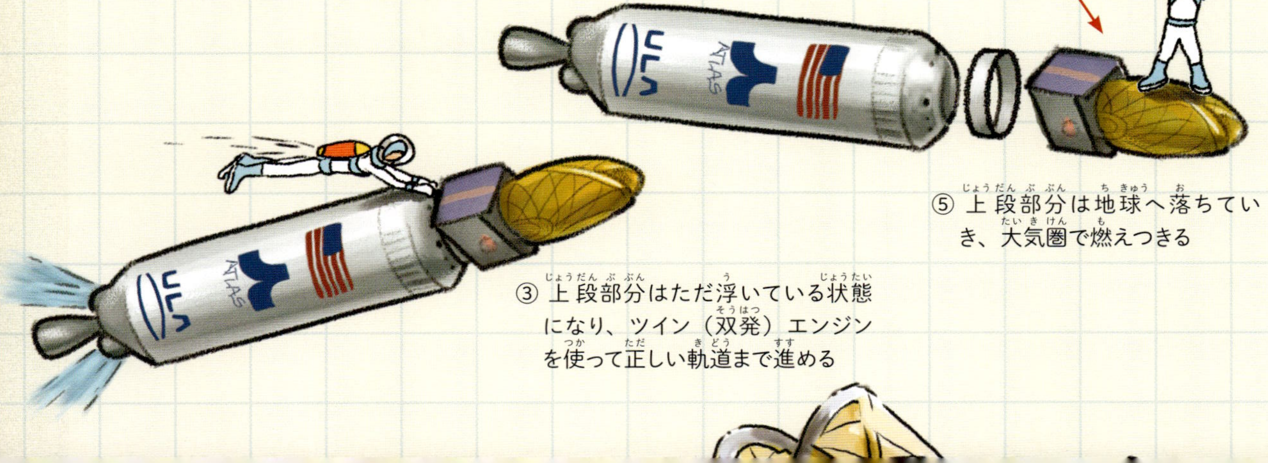

④目的《もくてき》の軌道《きどう》にのったら、上段部分《じょうだんぶぶん》も人工衛星《じんこうえいせい》から切《き》りはなされる

ついに衛星《えいせい》だけに

⑤上段部分《じょうだんぶぶん》は地球《ちきゅう》へ落《お》ちていき、大気圏《たいきけん》で燃《も》えつきる

③上段部分《じょうだんぶぶん》はただ浮《う》いている状態《じょうたい》になり、ツイン（双発《そうはつ》）エンジンを使《つか》って正《ただ》しい軌道《きどう》まで進《すす》める

低軌道《ていきどう》、中軌道《ちゅうきどう》、高軌道《こうきどう》

人工衛星《じんこうえいせい》の軌道《きどう》は低軌道《ていきどう》、中軌道《ちゅうきどう》、高軌道《こうきどう》の3種類《しゅるい》。低軌《ていき》道《どう》は地球《ちきゅう》の上空約《じょうくうやく》160～2000キロメートルを回《まわ》る軌道《きどう》だ。中《ちゅう》軌道《きどう》は2000～35000キロメートル、高軌道《こうきどう》は35000キロメートル以上《いじょう》だ。ハッブル宇宙望遠鏡《うちゅうぼうえんきょう》は低軌道《ていきどう》を飛《と》び、90分《ぷん》ごとに地球《ちきゅう》を1周《しゅう》する。**GPS衛星《ジーピーエスえいせい》**（カーナビなどに利用《りよう》）は中《ちゅう》軌道《きどう》にあり、1日《にち》に地球《ちきゅう》を2周《しゅう》する。気象《きしょう》を観測《かんそく》する人工衛星《じんこうえいせい》の多《おお》くは高軌道《こうきどう》にあり、1日《にち》に1周《しゅう》する。

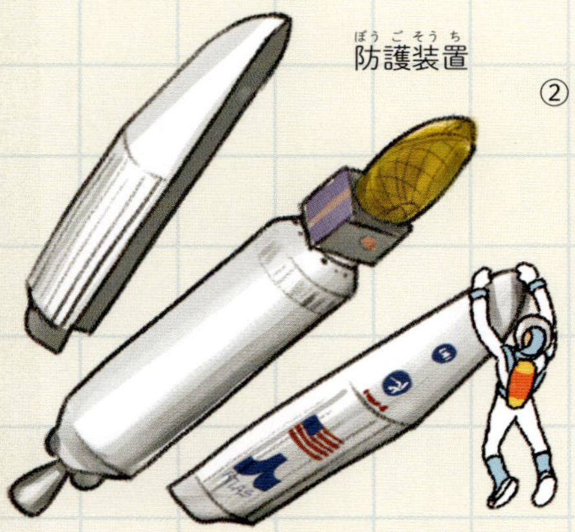

防護装置《ぼうごそうち》

② 軌道《きどう》にのると、上段《じょうだん》エンジンとペイロードを守《まも》っていた装置《そうち》がはずれ、それぞれ投《な》げ捨《す》てられる

① 第《だい》2段部分《だんぶぶん》がロケットを地球《ちきゅう》の大気圏《たいきけん》の外《そと》まで運《はこ》ぶ

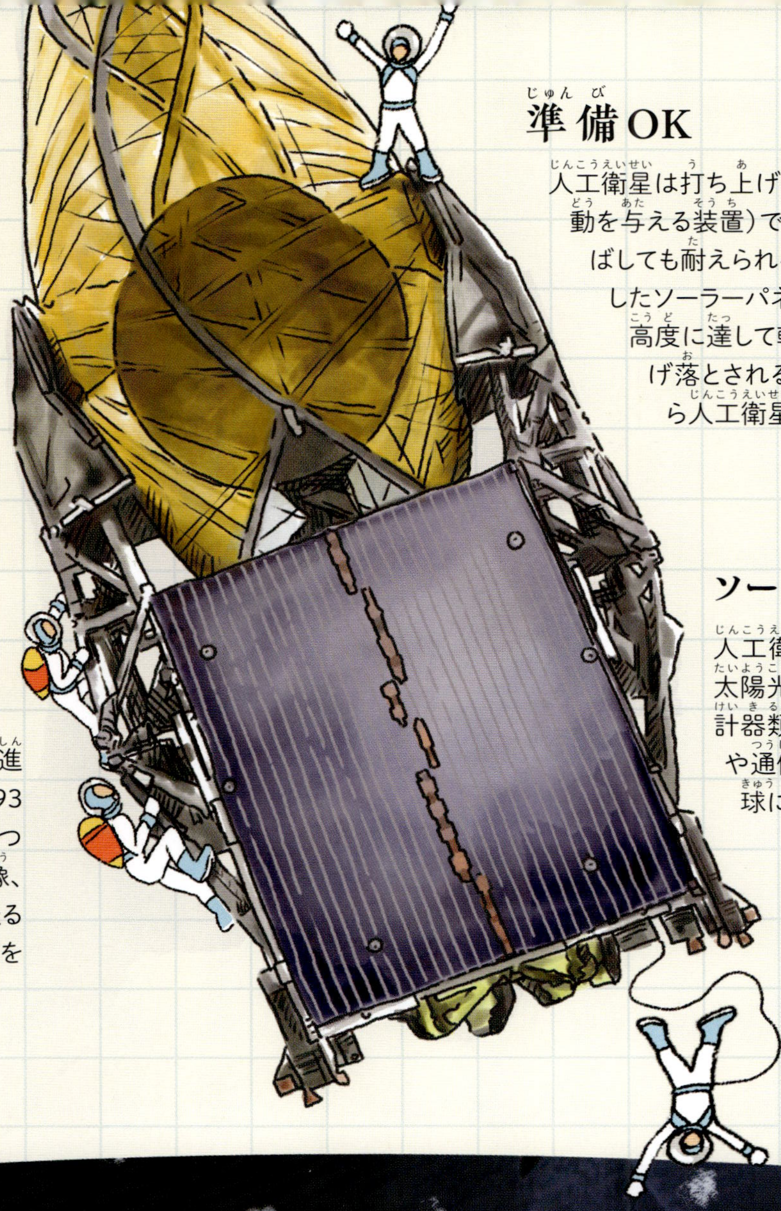

準備《じゅんび》OK

人工衛星《じんこうえいせい》は打《う》ち上《あ》げる前《まえ》に専用《せんよう》の起振機《きしんき》（構造物《こうぞうぶつ》に強制的《きょうせいてき》に振《しん》動《どう》を与《あた》える装置《そうち》）でテストを行《おこな》う。ロケットに入《い》れて宇宙《うちゅう》まで飛《と》ばしても耐《た》えられるかどうかを確《たし》かめ、折《お》り重《かさ》ねてコンパクトにしたソーラーパネルとともにおさめられる。ロケットが予定《よてい》の高度《こうど》に達《たっ》して軌道《きどう》にのれば、人工衛星《じんこうえいせい》を包《つつ》むケースは投《な》げ落《お》とされる。これは「切《き》りはなし」といわれ、ここから人工衛星《じんこうえいせい》だけの航行《こうこう》がはじまる！

ソーラーパネルを広《ひろ》げる

人工衛星《じんこうえいせい》は軌道《きどう》にのるとソーラーパネルを広《ひろ》げ、太陽光線《たいようこうせん》をエネルギーに変《か》えて作業《さぎょう》する。ほかの計器類《けいきるい》も同《おな》じように広《ひろ》げる。小型《こがた》ロケットエンジンや通信機関《つうしんきかん》システム、操縦装置《そうじゅうそうち》などは、どれも地《ち》球《きゅう》にいる研究者《けんきゅうしゃ》たちが遠《とお》くから操作《そうさ》する。

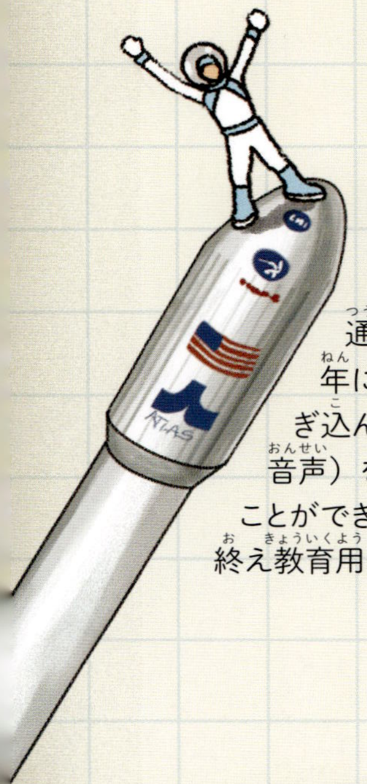

先進通信技術衛星《せんしんつうしんぎじゅつえいせい》

NASA《ナサ》（アメリカ航空宇宙局《こうくううちゅうきょく》）の先進《せんしん》通信技術衛星《つうしんぎじゅつえいせい》（ACTS《アクツ》）はずっと昔《むかし》、1993年《ねん》に打《う》ち上《あ》げられた。当時《とうじ》の科学技術《かがくぎじゅつ》をつぎ込《こ》んだ衛星《えいせい》で、電気的《でんきてき》な情報《じょうほう》（画像《がぞう》、映像《えいぞう》、音声《おんせい》）を、高速度《こうそくど》で地上《ちじょう》のはるか遠方《えんぽう》まで送《おく》ることができた。この衛星《えいせい》は今《いま》、NASAでの仕事《しごと》を終《お》え教育用《きょういくよう》に使《つか》われている。

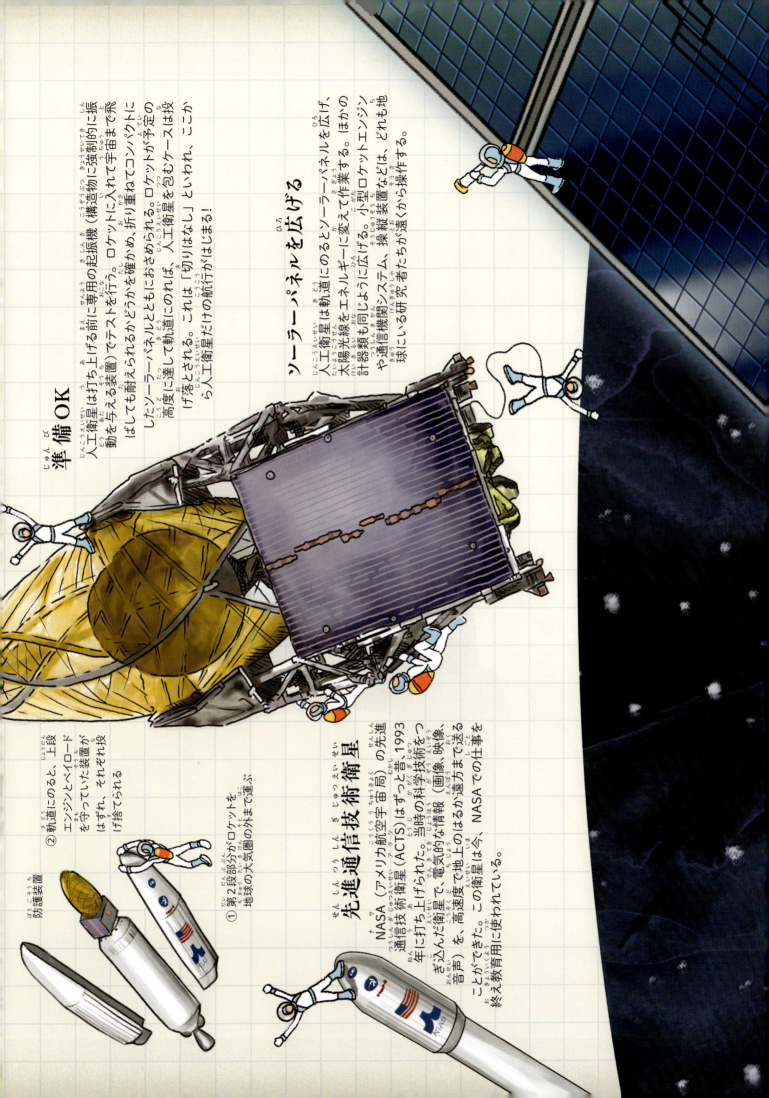

6 画像《がぞう》は宇宙《うちゅう》からも

テレビ番組《ばんぐみ》は世界中《せかいじゅう》のあちこちや、はるか遠《とお》く地球《ちきゅう》の反対側《はんたいがわ》で放送《ほうそう》されることもある。そういうときは、地球《ちきゅう》を回《まわ》る通信衛星《つうしんえいせい》でテレビの信号《しんごう》波《は》を中継《ちゅうけい》して放送《ほうそう》する。

7 電波《でんぱ》をキャッチ

家庭《かてい》のアンテナは、テレビ局《きょく》が送《おく》る信号《しんごう》波《は》を受《う》ける装置《そうち》だ。通信衛星《つうしんえいせい》で中継《ちゅうけい》して送《おく》られる信号《しんごう》波《は》は、皿形《さらがた》の衛星放送受信機《えいせいほうそうじゅしんき》（パラボラアンテナ）で受《う》けとる。

8 ふたたび電気信号《でんきしんごう》に

アンテナやパラボラアンテナは、受《う》けた電波《でんぱ》を電気《でんき》信号《しんごう》にもどしてテレビに送《おく》る。

9 映《うつ》った!

テレビの**スピーカー**が音声《おんせい》を再生《さいせい》する。テレビ画面《がめん》では、ピクセルという数百万《すうひゃくまん》の赤《あか》、緑《みどり》、青《あお》の画素《がそ》が電気信号《でんきしんごう》によって映像《えいぞう》をつくる。3色《しょく》のピクセルを組《く》み合《あ》わせた画像《がぞう》は、はなれて見《み》るとフルカラーだ。

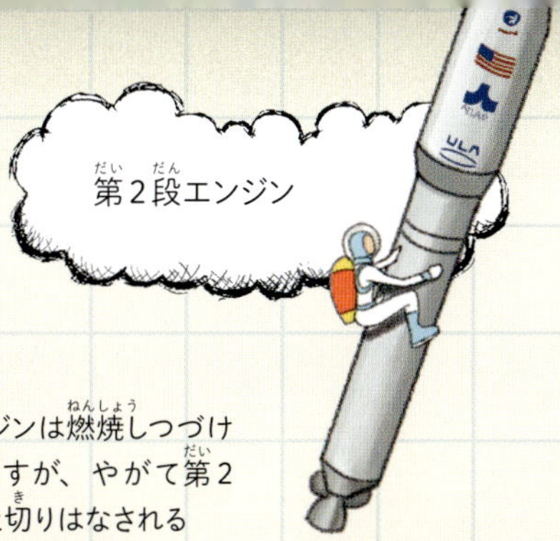

第2段《だいだん》エンジン

第1段《だいだん》エンジンは燃焼《ねんしょう》しつづけ推進力《すいしんりょく》を出《だ》すが、やがて第2段《だいだん》エンジンと切《き》りはなされる

第1段《だいだん》エンジン

上段《じょうだん》エンジンは主力《しゅりょく》エンジンよりはるかに小《ちい》さく、燃焼室《ねんしょうしつ》で液体酸素《えきたいさんそ》と液体水素《えきたいすいそ》に点火《てんか》し、推進力《すいしんりょく》を出《だ》す

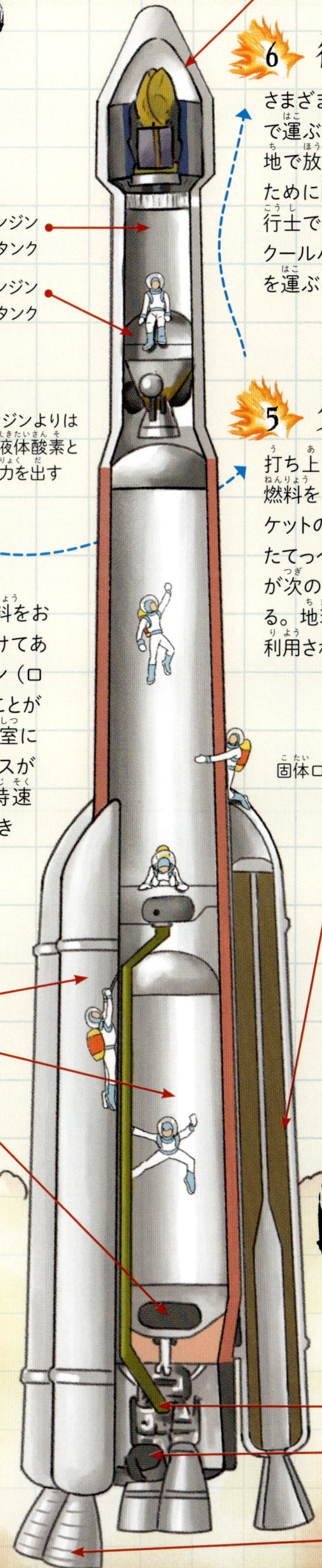

衛星《えいせい》（ペイロード）
上段《じょうだん》エンジン燃料《ねんりょう》タンク
上段《じょうだん》エンジン酸化剤《さんかざい》タンク
固体《こたい》ロケット推進剤《すいしんざい》
固体《こたい》ロケットブースター
第1段《だいだん》エンジン燃料《ねんりょう》タンク
高圧《こうあつ》ヘリウム管《かん》
第1段《だいだん》（液体酸素《えきたいさんそ》）供給路《きょうきゅうろ》
第1段《だいだん》（ブースター）エンジン
固体《こたい》ロケットブースター噴射口《ふんしゃこう》

3 固体《こたい》ロケットブースター

第1段《だいだん》エンジンだ。これは、ロケット打《う》ち上《あ》げのとき「もうひと押《お》し」の力《ちから》を与《あた》えるもの。固形燃料《こけいねんりょう》を使《つか》った火薬《かやく》の一種《いっしゅ》だが、爆発《ばくはつ》するかわりに燃《も》える。液体燃料《えきたいねんりょう》よりも安全《あんぜん》で費用《ひよう》が少《すく》なくてすむが、速度《そくど》が一定《いってい》で（スピードを変《か》えられない）、一度《いちど》燃《も》やすと途中《とちゅう》で消《け》せない。

4 液体燃料《えきたいねんりょう》

ロケット本体《ほんたい》のほとんどの部分《ぶぶん》は液体燃料《えきたいねんりょう》をおさめる場所《ばしょ》で、燃料《ねんりょう》は2つのタンクに分《わ》けてある。1つは液体酸素《えきたいさんそ》で、もう1つはケロシン（ロケット燃料用《ねんりょうよう》の石油《せきゆ》）か液体水素《えきたいすいそ》であることが多《おお》い。ポンプでこれら2つを大《おお》きな燃焼室《ねんしょうしつ》に送《おく》り込《こ》み、まぜ合《あ》わせて燃《も》やす。するとガスが生《う》まれ、ロケットの巨大《きょだい》な噴射口《ふんしゃこう》から時速8000～16000キロメートルで一気《いっき》にふき出《だ》す。

5 第2段《だいだん》エンジン

打《う》ち上《あ》げて大気圏《たいきけん》に達《たっ》するまでに、主《しゅ》タンクの燃料《ねんりょう》をほぼ使《つか》い切《き》ったら、次《つぎ》はどうするか？　ロケットの大部分《だいぶぶん》は切《き》りはなして捨《す》てられ、のこったてっぺんの部分《ぶぶん》（エンジンとその燃料《ねんりょう》を含《ふく》む）が次《つぎ》のエンジンを点火《てんか》させ、ロケットを前《まえ》へ進《すす》める。地球《ちきゅう》に投《な》げ落《お》とされる部分《ぶぶん》は、修理《しゅうり》して再利用《さいりよう》されることもある。

6 衛星《えいせい》（ペイロード）

さまざまなミッションを受《う》けたロケットを、宇宙《うちゅう》まで運《はこ》ぶ部分《ぶぶん》。運《はこ》ぶのは、テレビ番組《ばんぐみ》を地球《ちきゅう》の各地《かくち》で放映《ほうえい》するための通信衛星《つうしんえいせい》や、宇宙実験《うちゅうじっけん》のために開発《かいはつ》された特殊《とくしゅ》な科学装置《かがくそうち》や、宇宙飛行士《うちゅうひこうし》であることもある。ロケットは約《やく》7.5トン（スクールバスの重《おも》さくらい）の衛星《えいせい》（ペイロード）を運《はこ》ぶことができる。

打《う》ち上《あ》げで大活躍《だいかつやく》

アトラスロケット（アメリカ）は、1957年《ねん》から宇宙開発《うちゅうかいはつ》の中心《ちゅうしん》となって活躍《かつやく》した。数百機《すうひゃっき》の人工衛星《じんこうえいせい》の打《う》ち上《あ》げに力《ちから》を発揮《はっき》し、商用《しょうよう》や軍事用《ぐんじよう》の設備《せつび》を軌道《きどう》にのせただけでなく、**パイオニア探査機《たんさき》**を打《う》ち上《あ》げ、土星《どせい》や木星《もくせい》を超《こ》えて、まだ知《し》られていない宇宙《うちゅう》へと送《おく》り込《こ》んだ。

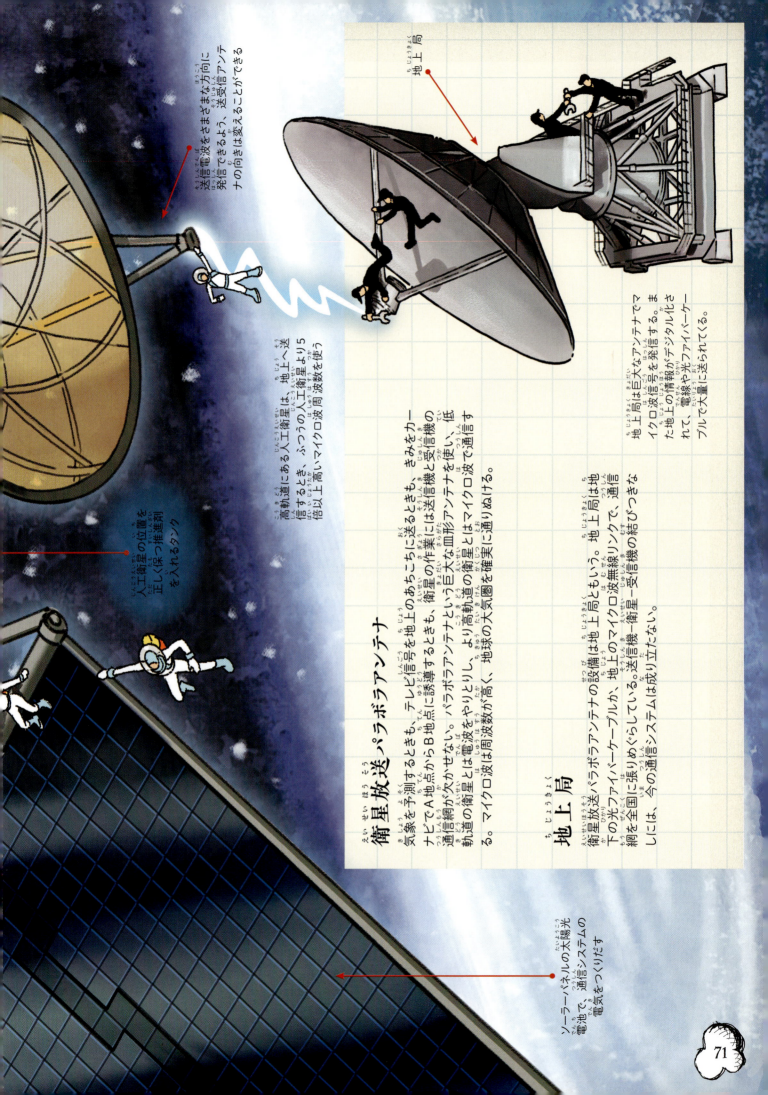

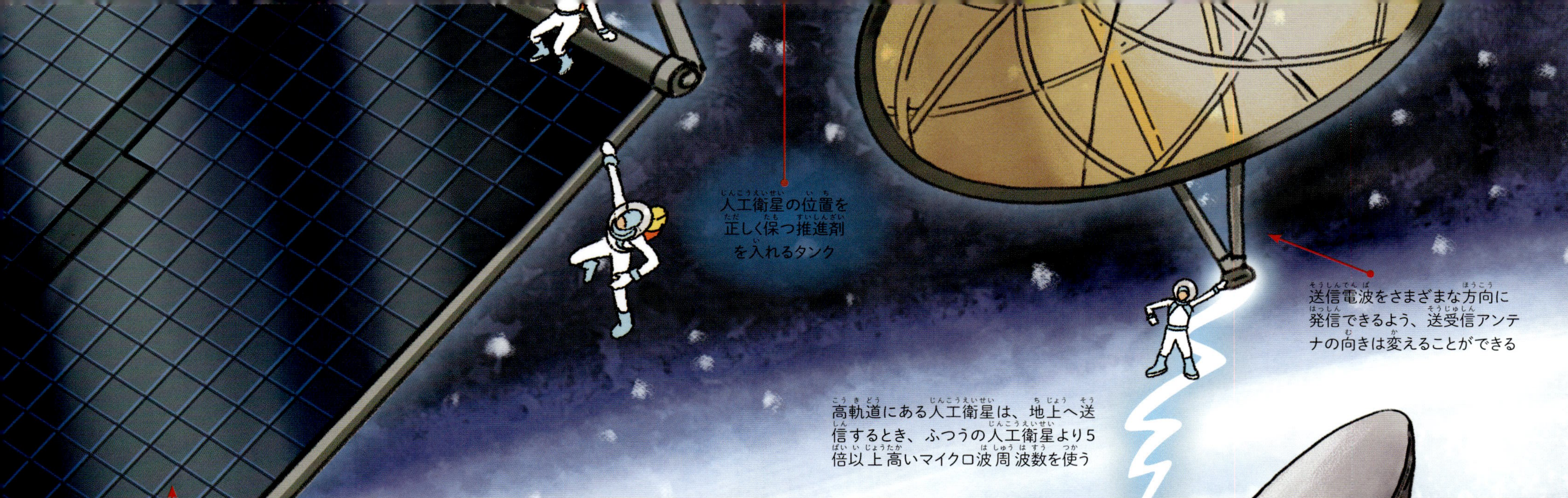
人工衛星《じんこうえいせい》の位置《いち》を
正《ただ》しく保《たも》つ推進剤《すいしんざい》
を入《い》れるタンク
送信電波《そうしんでんぱ》をさまざまな方向《ほうこう》に
発信《はっしん》できるよう、送受信《そうじゅしん》アンテ
ナの向《む》きは変《か》えることができる
高軌道《こうきどう》にある人工衛星《じんこうえいせい》は、地上《ちじょう》へ送《そう》
信《しん》するとき、ふつうの人工衛星《じんこうえいせい》より5
倍以上《ばいいじょう》高《たか》いマイクロ波周《はしゅう》波数《はすう》を使《つか》う
ソーラーパネルの太陽光《たいようこう》
電池《でんち》で、通信《つうしん》システムの
電気《でんき》をつくりだす

衛星放送《えいせいほうそう》パラボラアンテナ

気象《きしょう》を予測《よそく》するときも、テレビ信号《しんごう》を地上《ちじょう》のあちこちに送《おく》るときも、きみをカーナビでA地点《ちてん》からB地点《ちてん》に誘導《ゆうどう》するときも、衛星《えいせい》の作業《さぎょう》には送信機《そうしんき》と受信機《じゅしんき》の通信網《つうしんもう》が欠《か》かせない。パラボラアンテナという巨大《きょだい》な皿形《さらがた》アンテナを使《つか》い、低《てい》軌道《きどう》の衛星《えいせい》とは電波《でんぱ》をやりとりし、より高軌道《こうきどう》の衛星《えいせい》とはマイクロ波《は》で通信《つうしん》する。マイクロ波《は》は周波数《しゅうはすう》が高《たか》く、地球《ちきゅう》の大気圏《たいきけん》を確実《かくじつ》に通《とお》りぬける。

地上局《ちじょうきょく》

衛星放送《えいせいほうそう》パラボラアンテナの設備《せつび》は地上局《ちじょうきょく》ともいう。地上局《ちじょうきょく》は地《ち》下《か》の光《ひかり》ファイバーケーブルか、地上《ちじょう》のマイクロ波無線《はむせん》リンクで、通信《つうしん》網《もう》を全国《ぜんこく》に張《は》りめぐらしている。送信機《そうしんき》−衛星《えいせい》−受信機《じゅしんき》の結《むす》びつきなしには、今《いま》の通信《つうしん》システムは成《な》り立《た》たない。

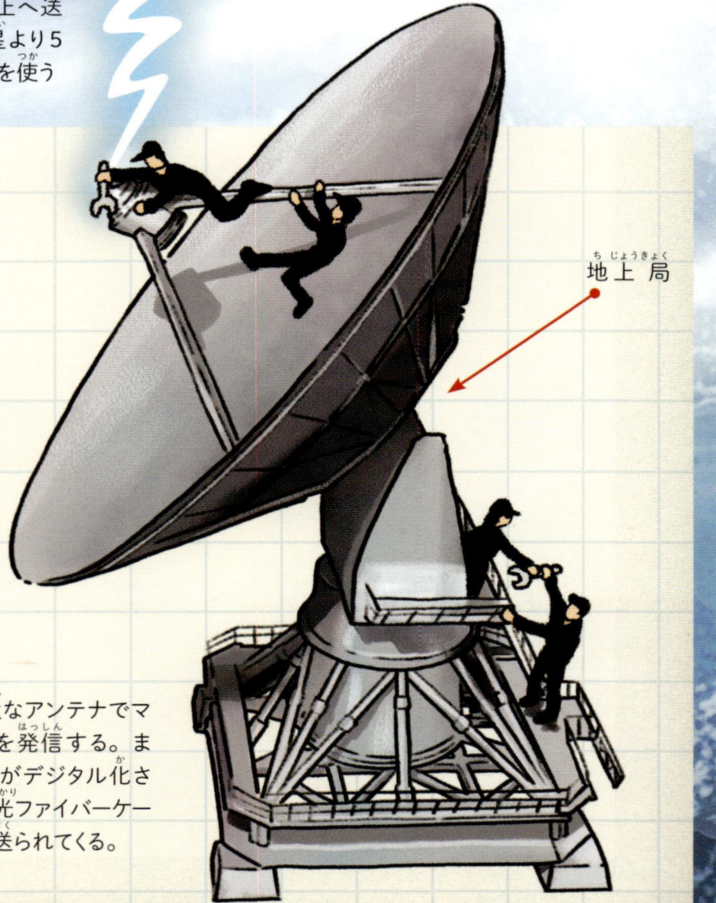
地上局《ちじょうきょく》

地上局《ちじょうきょく》は巨大《きょだい》なアンテナでマイクロ波信号《はしんごう》を発信《はっしん》する。また地上《ちじょう》の情報《じょうほう》がデジタル化《か》されて、電線《でんせん》や光《ひかり》ファイバーケーブルで大量《たいりょう》に送《おく》られてくる。

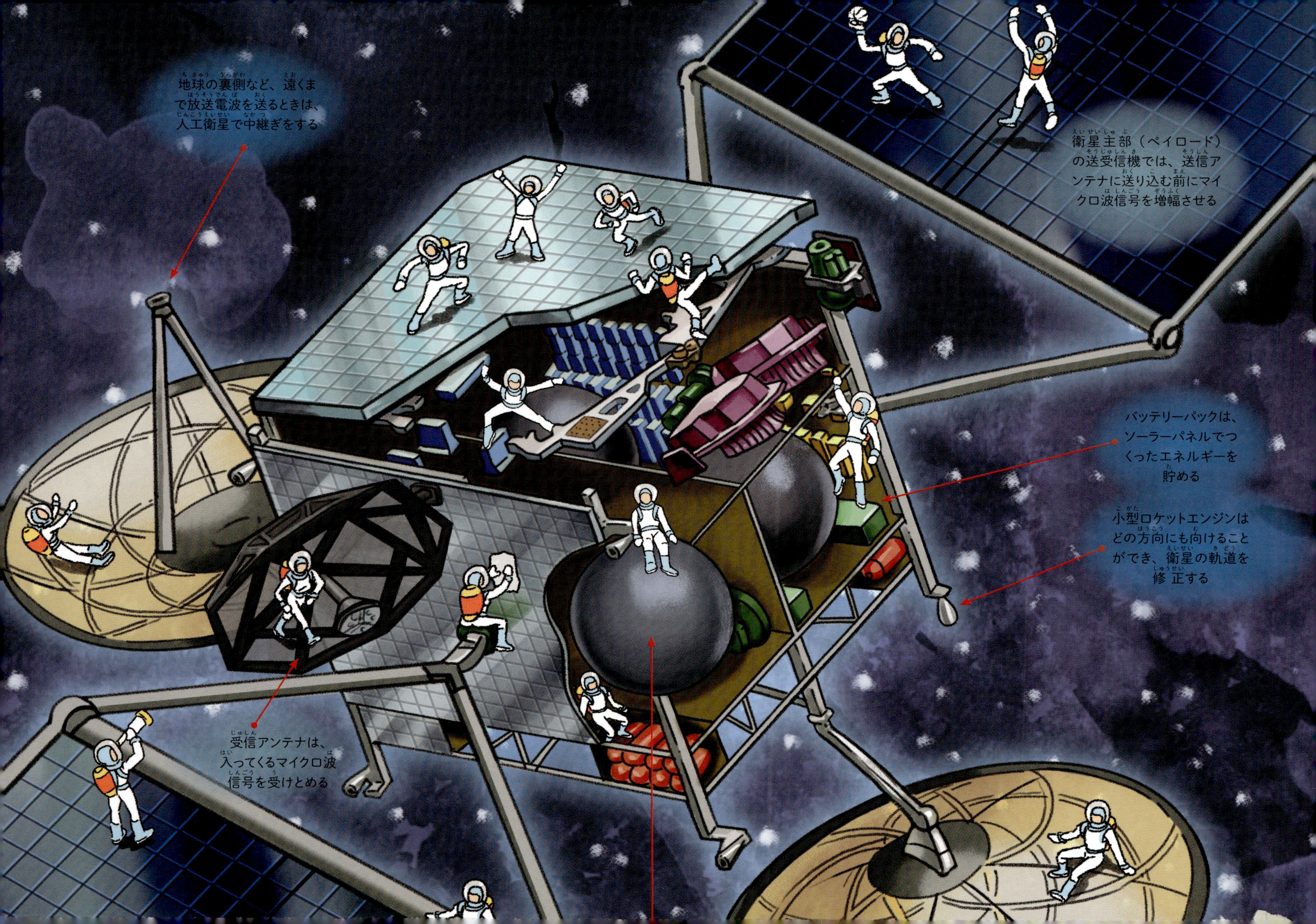
地球《ちきゅう》の裏側《うらがわ》など、遠《とお》くまで放送電波《ほうそうでんぱ》を送《おく》るときは、人工衛星《じんこうえいせい》で中継《なかつ》ぎをする
衛星主部《えいせいしゅぶ》（ペイロード）の送受信機《そうじゅしんき》では、送信《そうしん》アンテナに送《おく》り込《こ》む前《まえ》にマイクロ波《は》信号《しんごう》を増幅《ぞうふく》させる
バッテリーパックは、ソーラーパネルでつくったエネルギーを貯《た》める
小型《こがた》ロケットエンジンはどの方向《ほうこう》にも向《む》けることができ、衛星《えいせい》の軌道《きどう》を修正《しゅうせい》する
受信《じゅしん》アンテナは、入《はい》ってくるマイクロ波《は》信号《しんごう》を受《う》けとめる

自《じ》動《どう》車《しゃ》

きみはたぶん、自動車《じどうしゃ》を1日《にち》に何百台《なんびゃくだい》も見《み》るよね。世界中《せかいじゅう》にある車《くるま》は13億台《おくだい》を超《こ》すそうだけれど、どうやって動《うご》くのか、どんな技術《ぎじゅつ》が使《つか》われているのか考《かんが》えたことある？　ここでは、世界《せかい》でもっとも愛《あい》される機械《きかい》、人気《にんき》ナンバーワンの自動車《じどうしゃ》のしくみがわかるよ。

1 4気筒《きとう》エンジン

車《くるま》のエンジンには空気《くうき》と燃料《ねんりょう》が必要《ひつよう》だ。2つをせまい場所《ばしょ》でまぜ、スパーク（電《でん》気火花《きひばな》）を起《お》こしてエネルギーをつくり、4組《くみ》のピストンを上下《じょうげ》させる。ピストンはクランクシャフトという軸《じく》とつながり、それが次々《つぎつぎ》と回《まわ》って、車体《しゃたい》のまん中《なか》を通《とお》る長《なが》いプロペラシャフトを動《うご》かす。つまりピストンの上下《じょうげ》の動《うご》きで、プロペラシャフトを回《まわ》すんだ。

2 プロペラシャフトと差動装置《さどうそうち》

プロペラシャフトは、後輪《こうりん》の車軸《しゃじく》を回《まわ》すのに必要《ひつよう》だ。後輪《こうりん》の回転《かいてん》には差動装置《さどうそうち》という伝動部品《でんどうぶひん》も使《つか》うが、これは後輪《こうりん》の回転数《かいてんすう》を変《か》え、なめらかに曲《ま》がれるようにする。

3 歯車変速装置《はぐるまへんそくそうち》

歯車変速装置《はぐるまへんそくそうち》（ギヤボックス）にははたらきが2つあり、1つはエンジンとタイヤの連動《れんどう》をつないだり切《き》ったりすること。車《くるま》が信号《しんごう》で止《と》まるときなどに使《つか》う。2つめは、エンジンがクランクシャフトを回《まわ》す回数《かいすう》には限《かぎ》りがあるため、**歯車《はぐるま》（ギヤ）**はこの回《かい》転数《てんすう》を制御《せいぎょ》し、出《だ》したいスピードとのつり合《あ》いをとる。変速装置《へんそくそうち》はたいてい、変速《へんそく》レバーと、クラッチというペダルで操作《そうさ》する。エンジンとタイヤの連《れん》動《どう》を切《き》りたいときは、クラッチを足《あし》でふむ。その後《ご》ギヤを変《か》え、ペダルから足《あし》を上《あ》げると、車《くるま》は新《あたら》しく入《はい》ったギヤで走《はし》りだす。

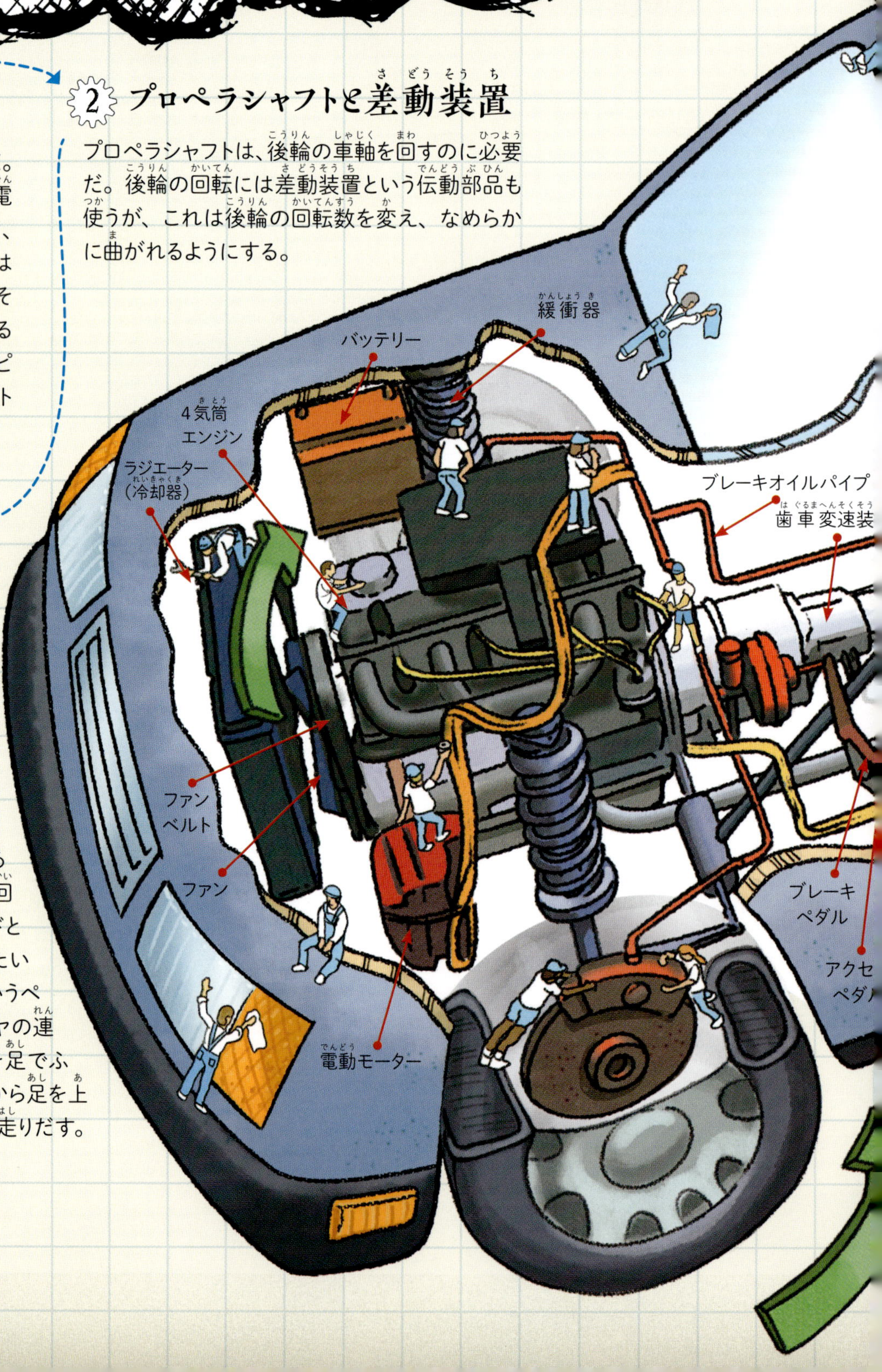

4 燃料《ねんりょう》タンク

燃料《ねんりょう》はタンクに給油《きゅうゆ》し、そこからポンプでエンジンへ送《おく》る。ポンプが車《くるま》の前部《ぜんぶ》にあれば、エンジンでポンプを動《うご》かす。タンク内《ない》にポンプがある車《くるま》は、バッテリーで動《うご》かす。

5 ハイブリッド・バッテリー

エンジンと電動《でんどう》モーターの両方《りょうほう》を使《つか》う車《くるま》もある。電動《でんどう》モーターはエンジンとハイブリッド・バッテリーのあいだに置《お》かれ、エンジンでできたエネルギーを電気《でんき》に変《か》え、ハイブリッド・バッテリーに貯《た》める。ブレーキをかけるとモーターは逆回転《ぎゃくかいてん》し、車《くるま》の速度《そくど》をゆるめるだけでなく、電気《でんき》もつくりだす。

6 排気《はいき》と触媒《しょくばい》コンバーター

エンジンからは管《くだ》が何本《なんぼん》も出《で》て、車《くるま》の後部《こうぶ》にのびる。エンジンから出《で》るくさいガスは、管《くだ》を通《とお》って触媒《しょくばい》コンバーターに送《おく》られる。これは化学物質《かがくぶっしつ》でおおわれている装置《そうち》で、一酸化炭《いっさんかたん》素《そ》など害《がい》のあるガスはここで取《と》りのぞき、のこりを排気管《はいきかん》へ送《おく》る。

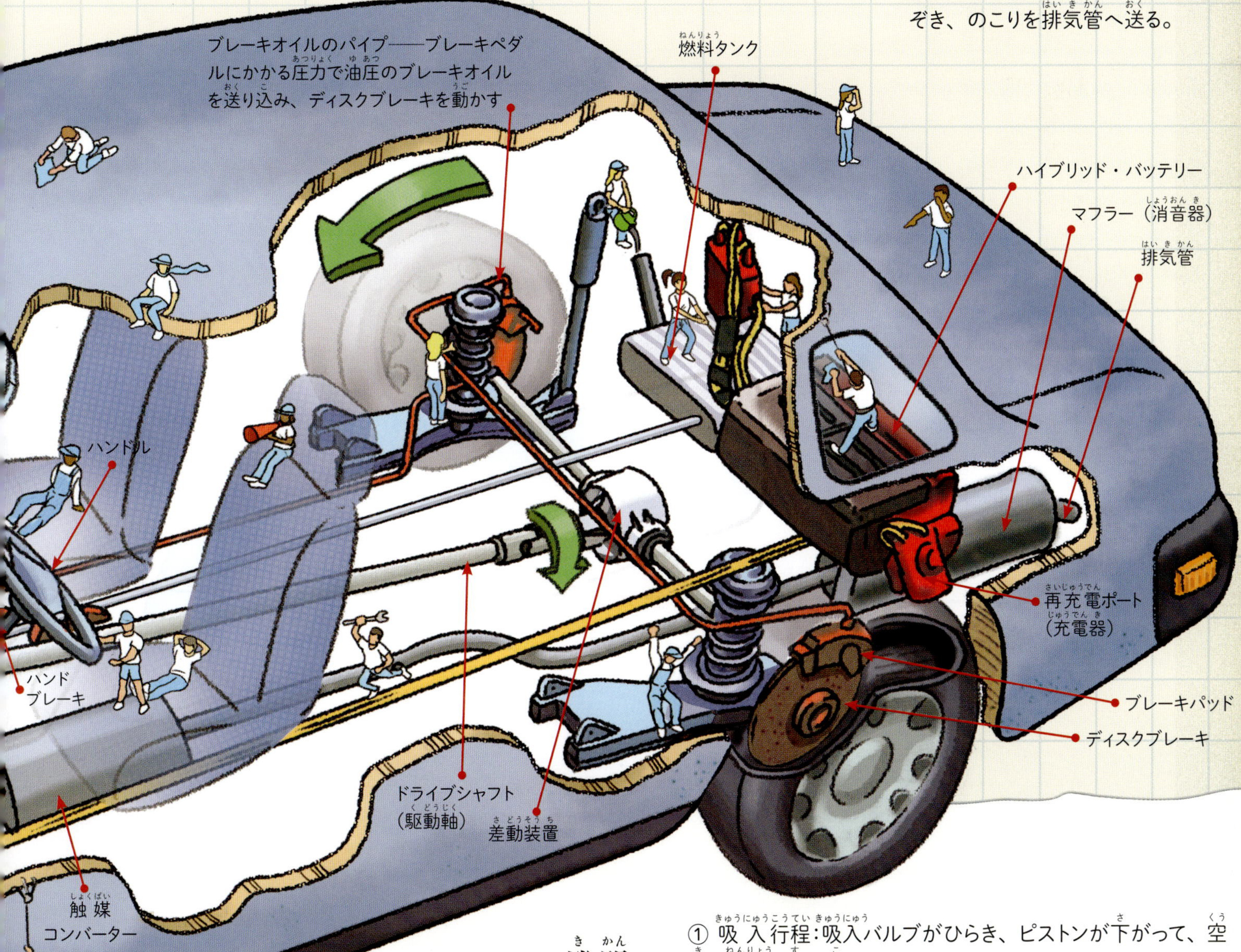

4ストローク機関《きかん》

車《くるま》のエンジンは、4ストローク機関《きかん》という装置《そうち》で、1分間《ぶんかん》に数百回《すうひゃっかい》の小《ち》さな爆発《ばくはつ》を起《お》こして動《うご》く。これがそのしくみだよ。

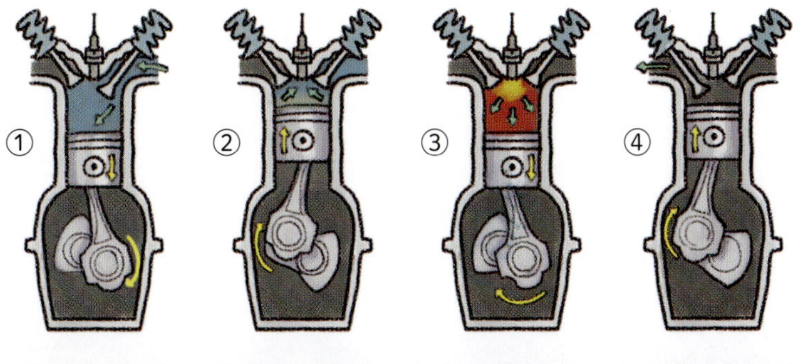

① 吸入行程《きゅうにゅうこうてい》:吸入《きゅうにゅう》バルブがひらき、ピストンが下《さ》がって、空気《くうき》と燃料《ねんりょう》を吸《す》い込《こ》む。

② 圧縮行程《あっしゅくこうてい》：吸入《きゅうにゅう》バルブがとじて、空気《くうき》がとじこめられ、ピストンは上《あ》がり、空気《くうき》と燃料《ねんりょう》の混合気《こんごうき》を圧縮《あっしゅく》する。

③ 燃焼行程《ねんしょうこうてい》:圧縮《あっしゅく》した混合気《こんごうき》をプラグで点火《てんか》して、小《ち》さな爆発《ばくはつ》を起《お》こし、ピストンはその力《ちから》で押《お》し下《さ》げられる。

④ 排気行程《はいきこうてい》：ピストンが底《そこ》まで下《さ》がると、排出《はいしゅつ》バルブがひらき、爆発後《ばくはつご》にのこったガスは外《そと》に出《だ》される。ピストンはふたたび上《あ》がり、同《おな》じ行程《こうてい》がくり返《かえ》される。

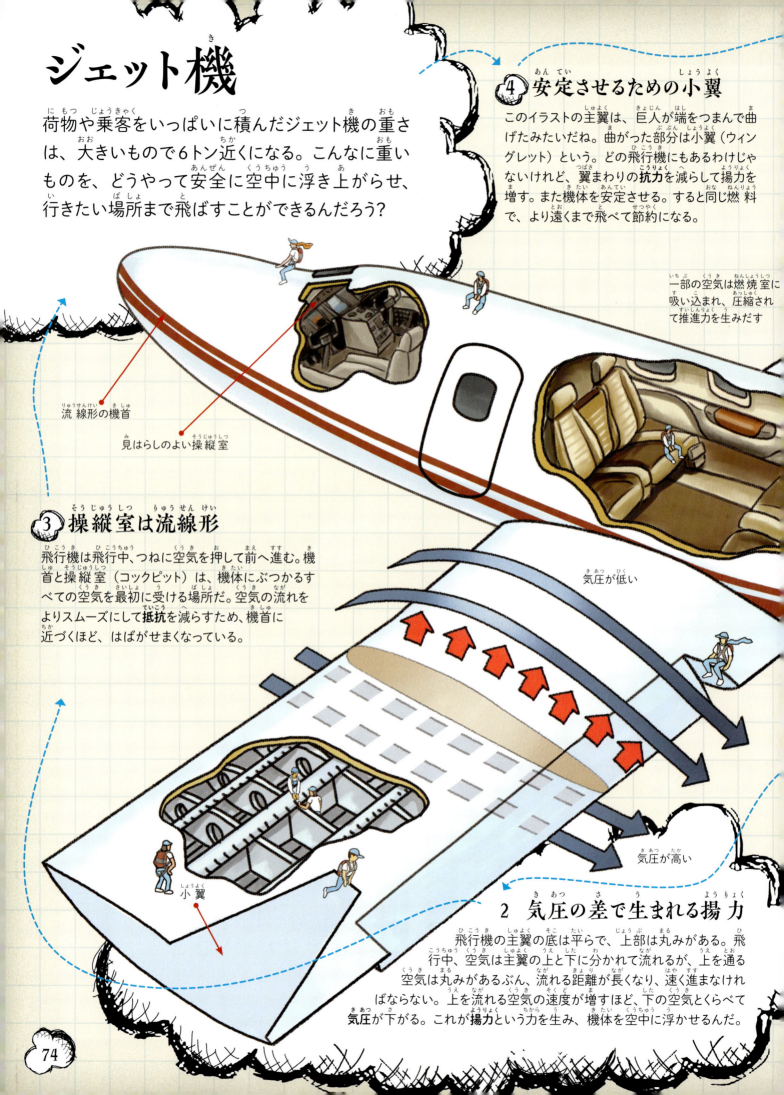

ジェット機《き》

荷物《にもつ》や乗客《じょうきゃく》をいっぱいに積《つ》んだジェット機《き》の重《おも》さは、大《おお》きいもので6トン近《ちか》くになる。こんなに重《おも》いものを、どうやって安全《あんぜん》に空中《くうちゅう》に浮《う》き上《あ》がらせ、行《い》きたい場所《ばしょ》まで飛《と》ばすことができるんだろう?

4 安定《あんてい》させるための小翼《しょうよく》

このイラストの主翼《しゅよく》は、巨人《きょじん》が端《はし》をつまんで曲《ま》げたみたいだね。曲《ま》がった部分《ぶぶん》は小翼《しょうよく》（ウィングレット）という。どの飛行機《ひこうき》にもあるわけじゃないけれど、翼《つばさ》まわりの**抗力《こうりょく》**を減《へ》らして揚力《ようりょく》を増《ま》す。また機体《きたい》を安定《あんてい》させる。すると同《おな》じ燃料《ねんりょう》で、より遠《とお》くまで飛《と》べて節約《せつやく》になる。

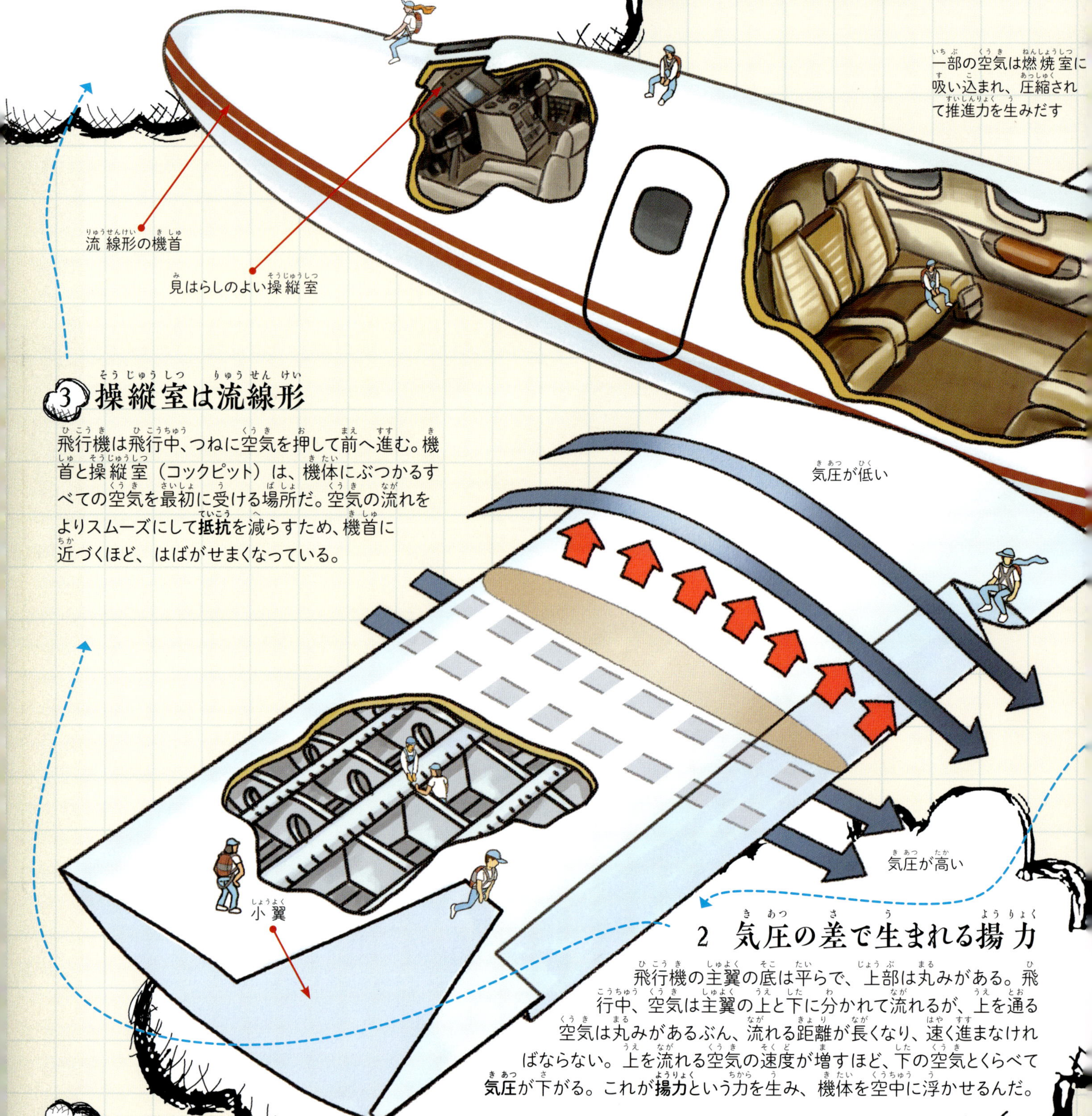
一部《いちぶ》の空気《くうき》は燃焼室《ねんしょうしつ》に吸《す》い込《こ》まれ、圧縮《あっしゅく》されて推進力《すいしんりょく》を生《う》みだす
流線形《りゅうせんけい》の機首《きしゅ》
見《み》はらしのよい操縦室《そうじゅうしつ》
気圧《きあつ》が低《ひく》い
気圧《きあつ》が高《たか》い
小翼《しょうよく》

3 操縦室《そうじゅうしつ》は流線形《りゅうせんけい》

飛行機《ひこうき》は飛行中《ひこうちゅう》、つねに空気《くうき》を押《お》して前《まえ》へ進《すす》む。機《き》首《しゅ》と操縦室《そうじゅうしつ》（コックピット）は、機体《きたい》にぶつかるすべての空気《くうき》を最初《さいしょ》に受《う》ける場所《ばしょ》だ。空気《くうき》の流《なが》れをよりスムーズにして**抵抗《ていこう》**を減《へ》らすため、機首《きしゅ》に近《ちか》づくほど、はばがせまくなっている。

2 気圧《きあつ》の差《さ》で生《う》まれる揚力《ようりょく》

飛行機《ひこうき》の主翼《しゅよく》の底《そこ》は平《たい》らで、上部《じょうぶ》は丸《まる》みがある。飛《ひ》行中《こうちゅう》、空気《くうき》は主翼《しゅよく》の上《うえ》と下《した》に分《わ》かれて流《なが》れるが、上《うえ》を通《とお》る空気《くうき》は丸《まる》みがあるぶん、流《なが》れる距離《きょり》が長《なが》くなり、速《はや》く進《すす》まなければならない。上《うえ》を流《なが》れる空気《くうき》の速度《そくど》が増《ま》すほど、下《した》の空気《くうき》とくらべて**気圧《きあつ》**が下《さ》がる。これが**揚力《ようりょく》**という力《ちから》を生《う》み、機体《きたい》を空中《くうちゅう》に浮《う》かせるんだ。

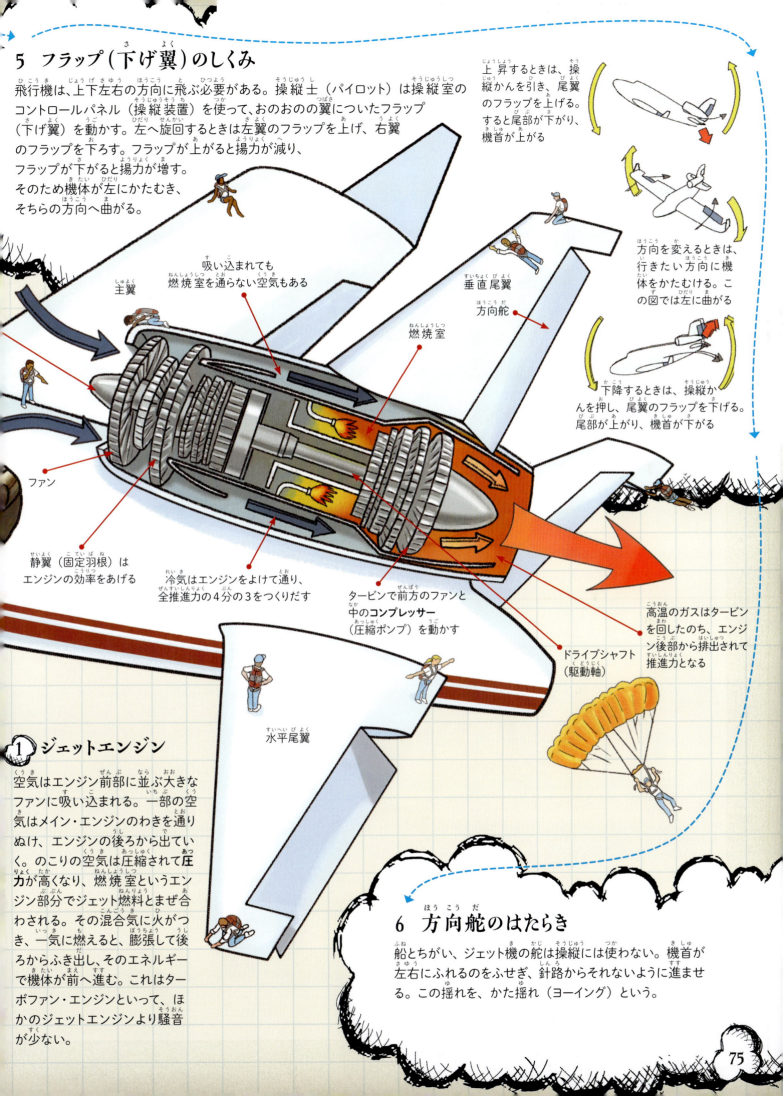

5　フラップ（下《さ》げ翼《よく》）のしくみ

飛行機《ひこうき》は、上下左右《じょうげさゆう》の方向《ほうこう》に飛《と》ぶ必要《ひつよう》がある。操縦士《そうじゅうし》（パイロット）は操縦室《そうじゅうしつ》のコントロールパネル（操縦装置《そうじゅうそうち》）を使《つか》って、おのおのの翼《つばさ》についたフラップ（下《さ》げ翼《よく》）を動《うご》かす。左《ひだり》へ旋回《せんかい》するときは左翼《さよく》のフラップを上《あ》げ、右翼《うよく》のフラップを下《お》ろす。フラップが上《あ》がると揚力《ようりょく》が減《へ》り、フラップが下《さ》がると揚力《ようりょく》が増《ま》す。そのため機体《きたい》が左《ひだり》にかたむき、そちらの方向《ほうこう》へ曲《ま》がる。

上昇《じょうしょう》するときは、操縦《そうじゅう》かんを引《ひ》き、尾翼《びよく》のフラップを上《あ》げる。すると尾部《びぶ》が下《さ》がり、機首《きしゅ》が上《あ》がる
方向《ほうこう》を変《か》えるときは、行《い》きたい方向《ほうこう》に機体《きたい》をかたむける。この図《ず》では左《ひだり》に曲《ま》がる
下降《かこう》するときは、操縦《そうじゅう》かんを押《お》し、尾翼《びよく》のフラップを下《さ》げる。尾部《びぶ》が上《あ》がり、機首《きしゅ》が下《さ》がる

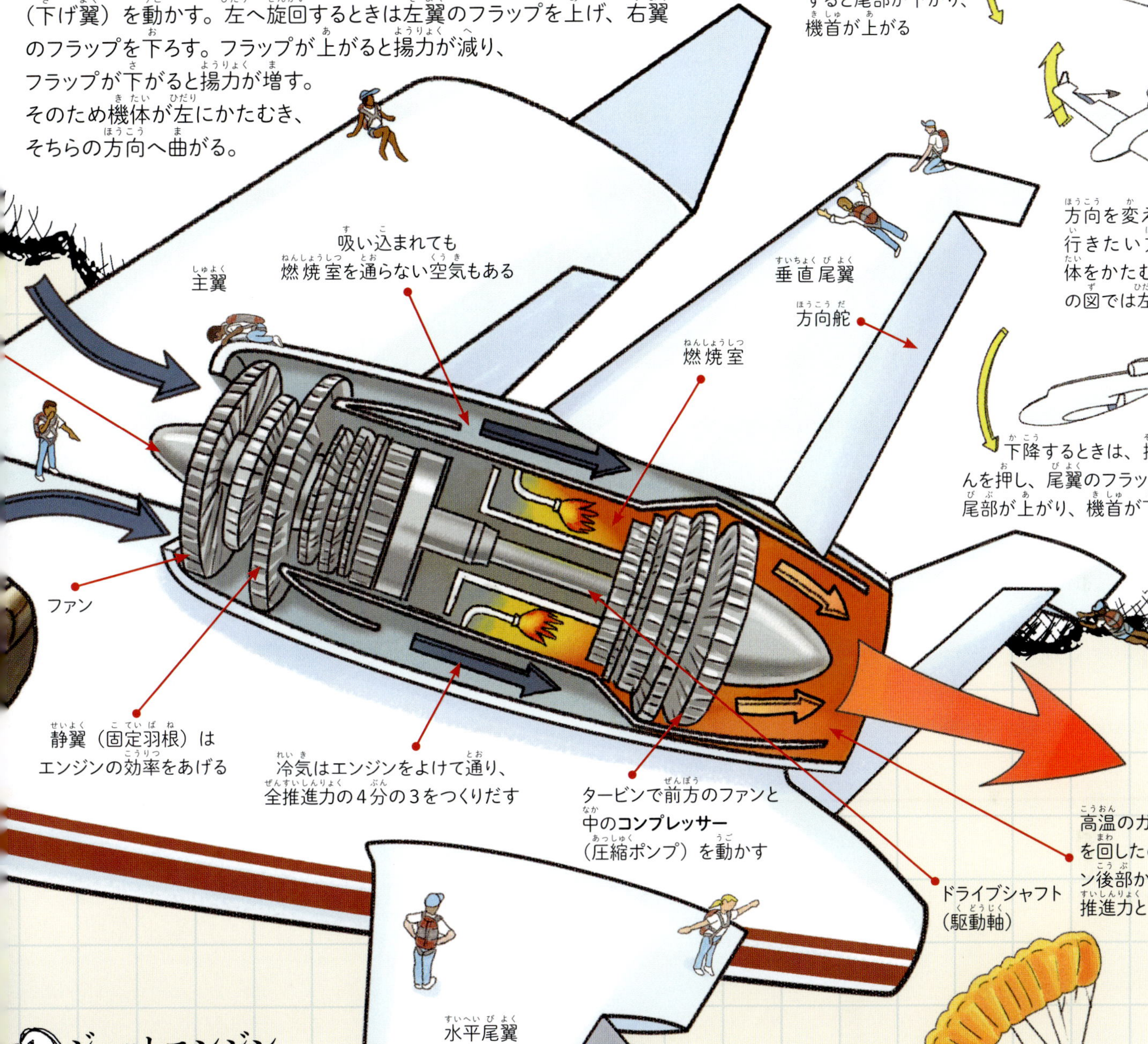

主翼《しゅよく》
吸《す》い込《こ》まれても燃焼室《ねんしょうしつ》を通《とお》らない空気《くうき》もある
垂直尾翼《すいちょくびよく》
方向舵《ほうこうだ》
燃焼室《ねんしょうしつ》
ファン
静翼《せいよく》（固定羽根《こていばね》）はエンジンの効率《こうりつ》をあげる
冷気《れいき》はエンジンをよけて通《とお》り、全推進力《ぜんすいしんりょく》の4分《ぶん》の3をつくりだす
タービンで前方《ぜんぽう》のファンと中《なか》の**コンプレッサー**（圧縮《あっしゅく》ポンプ）を動《うご》かす
高温《こうおん》のガスはタービンを回《まわ》したのち、エンジン後部《こうぶ》から排出《はいしゅつ》されて推進力《すいしんりょく》となる
ドライブシャフト（駆動軸《くどうじく》）
水平尾翼《すいへいびよく》

1　ジェットエンジン

空気《くうき》はエンジン前部《ぜんぶ》に並《なら》ぶ大《おお》きなファンに吸《す》い込《こ》まれる。一部《いちぶ》の空気《くうき》はメイン・エンジンのわきを通《とお》りぬけ、エンジンの後《うし》ろから出《で》ていく。のこりの空気《くうき》は圧縮《あっしゅく》されて**圧力《あつりょく》**が高《たか》くなり、燃焼室《ねんしょうしつ》というエンジン部分《ぶぶん》でジェット燃料《ねんりょう》とまぜ合《あ》わされる。その混合気《こんごうき》に火《ひ》がつき、一気《いっき》に燃《も》えると、膨張《ぼうちょう》して後《うし》ろからふき出《だ》し、そのエネルギーで機体《きたい》が前《まえ》へ進《すす》む。これはターボファン・エンジンといって、ほかのジェットエンジンより騒音《そうおん》が少《すく》ない。

6　方向舵《ほうこうだ》のはたらき

船《ふね》とちがい、ジェット機《き》の舵《かじ》は操縦《そうじゅう》には使《つか》わない。機首《きしゅ》が左右《さゆう》にふれるのをふせぎ、針路《しんろ》からそれないように進《すす》ませる。この揺《ゆ》れを、かた揺《ゆ》れ（ヨーイング）という。

潜《せん》水《すい》艇《てい》

海《うみ》の深《ふか》いところは、気《き》が遠《とお》くなるほど深《ふか》い。もしエベレスト山《ざん》を海底《かいてい》にしずめたら、その山頂《さんちょう》（8848メートル）は海面《かいめん》から1.6キロメートルも下《した》になる！まっ暗《くら》な未知《みち》の深海《しんかい》を調《しら》べるために、深海用潜水艇《しんかいようせんすいてい》という専用《せんよう》の潜水艦《せんすいかん》があるよ。

1 ライト

サーチライトはなぜ必要《ひつよう》だと思《おも》う？　200メートルもぐれば太陽光《たいようこう》はかすかになり、300メートルではほとんど何《なに》も見《み》えない。さらにもぐると、目《め》に届《とど》く光《ひかり》は海洋生物《かいようせいぶつ》の放《はな》つ光《ひかり》だけだ。

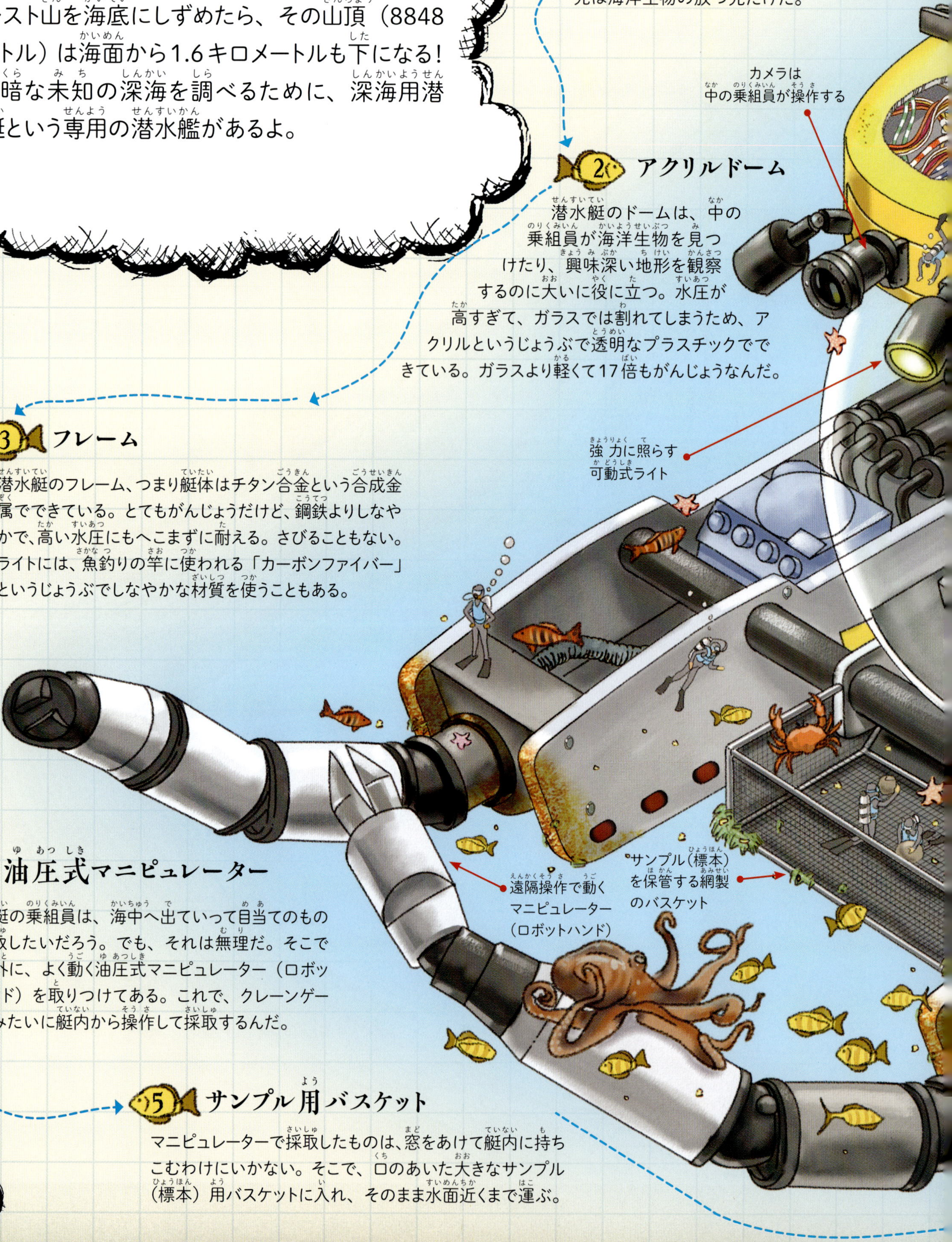
カメラは
中《なか》の乗組員《のりくみいん》が操作《そうさ》する
強力《きょうりょく》に照《て》らす
可動式《かどうしき》ライト
遠隔操作《えんかくそうさ》で動《うご》く
マニピュレーター
（ロボットハンド）
サンプル（標本《ひょうほん》）
を保管《ほかん》する網製《あみせい》
のバスケット

2 アクリルドーム

潜水艇《せんすいてい》のドームは、中《なか》の乗組員《のりくみいん》が海洋生物《かいようせいぶつ》を見《み》つけたり、興味深《きょうみぶか》い地形《ちけい》を観察《かんさつ》するのに大《おお》いに役《やく》に立《た》つ。水圧《すいあつ》が高《たか》すぎて、ガラスでは割《わ》れてしまうため、アクリルというじょうぶで透明《とうめい》なプラスチックでできている。ガラスより軽《かる》くて17倍《ばい》もがんじょうなんだ。

3 フレーム

潜水艇《せんすいてい》のフレーム、つまり艇体《ていたい》はチタン合金《ごうきん》という合成金属《ごうせいきんぞく》でできている。とてもがんじょうだけど、鋼鉄《こうてつ》よりしなやかで、高《たか》い水圧《すいあつ》にもへこまずに耐《た》える。さびることもない。ライトには、魚釣《さかなつ》りの竿《さお》に使《つか》われる「カーボンファイバー」というじょうぶでしなやかな材質《ざいしつ》を使《つか》うこともある。

4 油圧式《ゆあつしき》マニピュレーター

潜水艇《せんすいてい》の乗組員《のりくみいん》は、海中《かいちゅう》へ出《で》ていって目当《めあ》てのものを採取《さいしゅ》したいだろう。でも、それは無理《むり》だ。そこで艇《てい》の外《そと》に、よく動《うご》く油圧式《ゆあつしき》マニピュレーター（ロボットハンド）を取《と》りつけてある。これで、クレーンゲーム機《き》みたいに艇内《ていない》から操作《そうさ》して採取《さいしゅ》するんだ。

5 サンプル用《よう》バスケット

マニピュレーターで採取《さいしゅ》したものは、窓《まど》をあけて艇内《ていない》に持《も》ちこむわけにいかない。そこで、口《くち》のあいた大《おお》きなサンプル（標本《ひょうほん》）用《よう》バスケットに入《い》れ、そのまま水面近《すいめんちか》くまで運《はこ》ぶ。

7 スラスター

スラスター（スクリュー）はモーターで動《うご》き、潜水艇《せんすいてい》を進《すす》める。スラスターの向《む》きを調節《ちょうせつ》して、進《すす》む方向《ほうこう》を前後左右《ぜんごさゆう》に変《か》えられる。電動《でんどう》モーターを使《つか》うのは効率《こうりつ》がよいから。電気《でんき》の場《ば》合《あい》、約《やく》80パーセントが動力《どうりょく》になるが、ガソリンエンジンだと25パーセント以下《いか》になる。

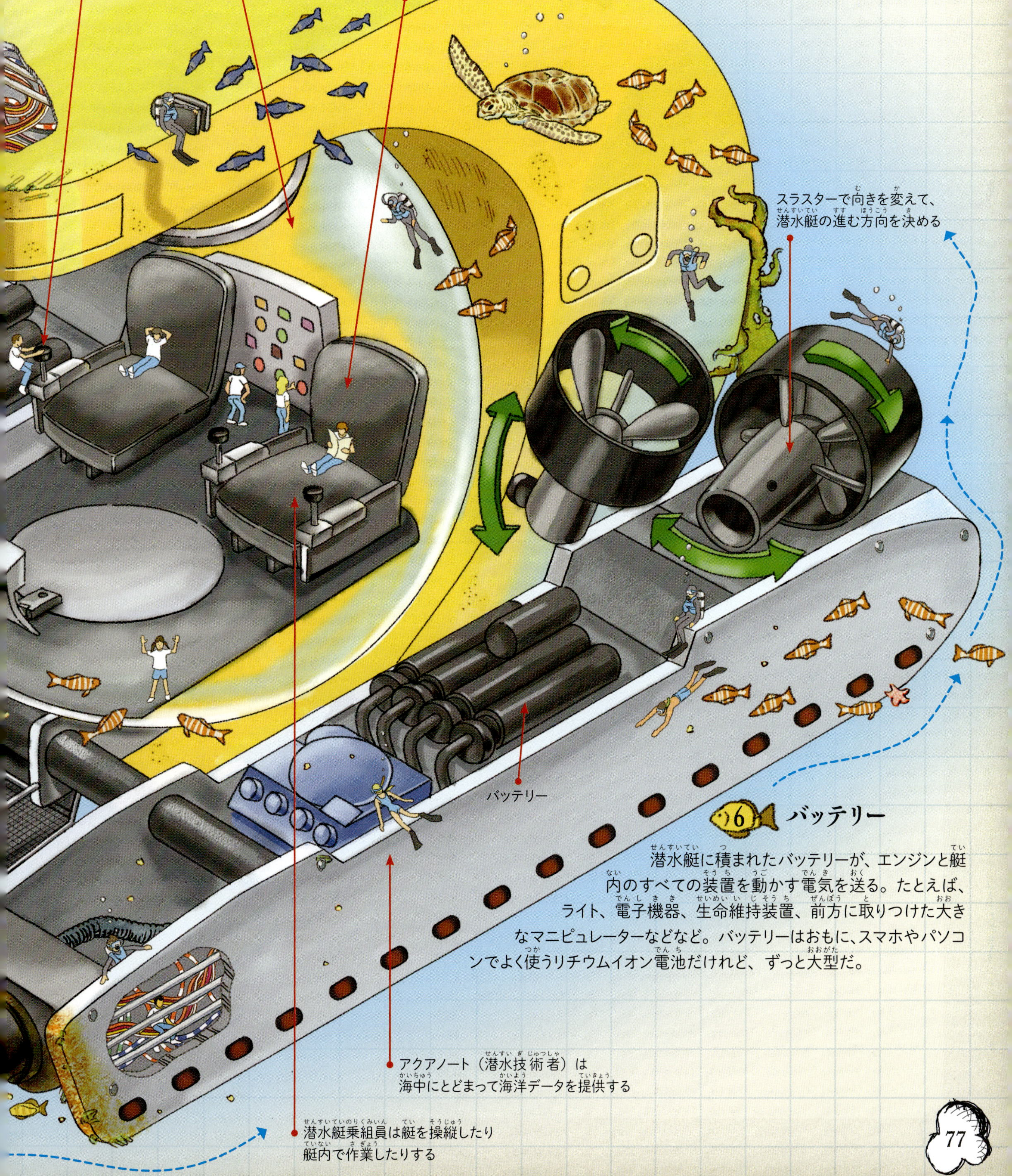

6 バッテリー

潜水艇《せんすいてい》に積《つ》まれたバッテリーが、エンジンと艇《てい》内《ない》のすべての装置《そうち》を動《うご》かす電気《でんき》を送《おく》る。たとえば、ライト、電子機器《でんしきき》、生命維持装置《せいめいいじそうち》、前方《ぜんぽう》に取《と》りつけた大《おお》きなマニピュレーターなどなど。バッテリーはおもに、スマホやパソコンでよく使《つか》うリチウムイオン電池《でんち》だけれど、ずっと大型《おおがた》だ。

用語集《ようごしゅう》

アイコン
コンピューターやスマホの画面上《がめんじょう》にある小《ち》さい絵記号《えきごう》。タッチするとアプリなどのプログラムがはじまったり、オプションの設定《せってい》、ウインドウをひらくなどの操作《そうさ》ができる。

圧力《あつりょく》
物《もの》がまわりに対《たい》して押《お》す力《ちから》。気体《きたい》や蒸気《じょうき》の圧力《あつりょく》は、熱《ねつ》を加《くわ》えると大《おお》きくなる。

アプリ
アプリケーション・プログラムの略称《りゃくしょう》で、スマホやタブレットで使《つか》える小型《こがた》のプログラム。

イオン化《か》
原子《げんし》をイオンにすること。イオンとは電子《でんし》を受《う》けとったり失《うしな》ったりした原子《げんし》。ほかの原子《げんし》とちがって、電気《でんき》を帯《お》びている。

移動体通信網《いどうたいつうしんもう》(セルラー通信網《つうしんもう》)
携帯電話《けいたいでんわ》や無線通信網《むせんつうしんもう》において、サービスエリアを小《ち》さな区画《くかく》(セル)に分割《ぶんかつ》したもの。区画《くかく》ごとに中継局《ちゅうけいきょく》があり、携帯電話《けいたいでんわ》を電話回線網《でんわかいせんもう》につなぐ。

汚泥処理《おでいしょり》タンク
下水《げすい》から取《と》りのぞいたヘドロを、バクテリア(細菌《さいきん》)に食《た》べさせてきれいにする装置《そうち》。

オペレーティングシステム(OS)
コンピューターのすべて(ハード部分《ぶぶん》もソフト部分《ぶぶん》も)がうまくはたらくように「管理《かんり》する」基本《きほん》ソフト。

音波《おんぱ》
音《おと》を運《はこ》ぶ圧力波《あつりょくは》。耳《みみ》やマイクは、この波《なみ》を振動《しんどう》に変《か》えてとらえる。

回路《かいろ》・回線《かいせん》
切《き》れ目《め》がなく、とじた線《せん》。短《みじか》い電気回路《でんきかいろ》もあるし、数《すう》キロメートルにおよぶものもある。

核燃料《かくねんりょう》
ウランなど、発電《はつでん》のために原子炉《げんしろ》で使《つか》われる燃料《ねんりょう》。

カム
重心《じゅうしん》のかたよった輪形《わがた》の部品《ぶひん》で、回《まわ》る動《うご》きを上下《じょうげ》の動《うご》きに変《か》える。回転《かいてん》する軸《じく》に取《と》りつけて使《つか》う。

気圧《きあつ》(大気圧《たいきあつ》)
空気《くうき》の濃《こ》さを示《しめ》すもの。気圧《きあつ》が高《たか》いほど空気《くうき》は濃《こ》く、低《ひく》いとうすい。

軌道《きどう》
宇宙船《うちゅうせん》が惑星《わくせい》や月《つき》のまわりを回《まわ》るときの曲線状《きょくせんじょう》の道《みち》すじ。

吸引力《きゅういんりょく》
空気《くうき》をある場所《ばしょ》から取《と》り去《さ》ることで、そこへ液体《えきたい》を(掃除機《そうじき》の場合《ばあい》は別《べつ》の空気《くうき》)を強制的《きょうせいてき》に入《い》れる力《ちから》。

凝結《ぎょうけつ》
気体《きたい》や水蒸気《すいじょうき》は圧力《あつりょく》をかけると液体《えきたい》に変《か》わる。これを凝結《ぎょうけつ》という。

原子《げんし》
固体《こたい》、液体《えきたい》、気体《きたい》のあらゆる元素《げんそ》のもっとも小《ち》さい粒子《りゅうし》。空気《くうき》から機械《きかい》まで、世界中《せかいじゅう》のものはすべて原子《げんし》でできている。

酵素《こうそ》
化学反応《かがくはんのう》を劇的《げきてき》に速《はや》めるたんぱく質《しつ》。

光電管《こうでんかん》
テレビカメラに入《はい》る光線《こうせん》を、電気信号《でんきしんごう》に変《か》える装置《そうち》。

抗力《こうりょく》
飛行機《ひこうき》が前《まえ》に飛《と》ぶときには、抗力《こうりょく》を押《お》しもどして進《すす》む。飛行機《ひこうき》にエンジンがあるのは、このためである。

コンプレッサー(圧縮機《あっしゅくき》)
液体《えきたい》や気体《きたい》をせまい場所《ばしょ》に押《お》しこめる(圧縮《あっしゅく》する)機械《きかい》。

GPS衛星《ジーピーエスえいせい》
地球《ちきゅう》を回《まわ》る約《やく》30個《こ》のGPS衛星《えいせい》は、携帯電話《けいたいでんわ》やカーナビなどの装置《そうち》に信号《しんごう》を送《おく》り、きみが今《いま》いる場所《ばしょ》を教《おし》えてくれる。

磁界《じかい》
磁力《じりょく》(磁石《じしゃく》)のまわりにはたらく見《み》えない磁力《じりょく》の範囲《はんい》。磁界《じかい》は磁石《じしゃく》に近《ちか》いほど強《つよ》い。

磁石《じしゃく》・磁力《じりょく》
鋼鉄《こうてつ》などの金属《きんぞく》が、磁力《じりょく》(磁気《じき》)という見《み》えない力《ちから》のはたらきにより、ほかの金属《きんぞく》を自分《じぶん》のほうへ引《ひ》きつけたり、押《お》しやったりする。磁力《じりょく》は導線《どうせん》を伝《つた》わり、電子《でんし》も動《うご》かす。

受信機《じゅしんき》
入《はい》ってくる信号波《しんごうは》を受《う》けとめる装置《そうち》。テレビ、ラジオ、電話《でんわ》には、どれも受信機《じゅしんき》がある。

蒸気《じょうき》
液体《えきたい》の蒸発《じょうはつ》によってできる気体《きたい》。水《みず》の蒸発《じょうはつ》によってできる水蒸気《すいじょうき》など。

焼却炉《しょうきゃくろ》
ごみを高温《こうおん》で燃《も》やすかま。

蒸発《じょうはつ》
液体《えきたい》が気体《きたい》になること。水《みず》を乾《かわ》いた場所《ばしょ》に置《お》くと、ゆっくりと蒸発《じょうはつ》する。

仕分《しわ》け機《き》
郵便物《ゆうびんぶつ》を大《おお》きさによって仕分《しわ》ける機械《きかい》。

人工衛星《じんこうえいせい》
地球《ちきゅう》のまわりを、軌道《きどう》を描《えが》いて飛《と》ぶ無人《むじん》の宇宙船《うちゅうせん》。

心棒《しんぼう》
回転軸《かいてんじく》。車輪《しゃりん》を回《まわ》したり、動力《どうりょく》をあるものから別《べつ》のものへ伝《つた》えたりする。

推進力《すいしんりょく》
飛行中《ひこうちゅう》の航空機《こうくうき》やロケットを前《まえ》へ進《すす》ませる力《ちから》。エンジンでつくりだす。

水力発電所《すいりょくはつでんしょ》
水力《すいりょく》で発電機《はつでんき》を動《うご》かし電気《でんき》をつくる設備《せつび》。

ストリーミング
インターネットを通《つう》じて、音楽《おんがく》や動画《どうが》を切《き》れ目《め》なく視聴《しちょう》したり配信《はいしん》したりすること。

スピーカー
電気信号《でんきしんごう》を振動板《しんどうばん》などに伝《つた》えて音声《おんせい》に変《か》える装置《そうち》。

接触板《せっしょくばん》・接点《せってん》
回路《かいろ》をとじて電流《でんりゅう》が流《なが》れるようにつくられた部品《ぶひん》。たいてい電気《でんき》を通《とお》す金属《きんぞく》でできている。

送信機《そうしんき》
人工衛星《じんこうえいせい》にのせる電気装置《でんきそうち》で、特定《とくてい》の信号《しんごう》を受《う》けると自動的《じどうてき》に信号《しんごう》を送《おく》り返《かえ》す。

タービン
傾《かたむ》きをつけた羽根《はね》が回《まわ》る原動機《げんどうき》。風《かぜ》や水《みず》、蒸気《じょうき》がいきおいよく当《あ》たると、回転羽根《かいてんばね》を押《お》してタービンを回《まわ》し、発動機《はつどうき》を作動《さどう》させる。

脱穀《だっこく》
稲《いね》・麦《むぎ》などの粒《つぶ》を穂《ほ》から取《と》り離《はな》したり、もみがらを取《と》り去《さ》ったりすること。

タッチスクリーン
スマホやタブレットは、画面《がめん》に直接《ちょくせつ》タッチして何《なに》かを選《えら》んだり、画像《がぞう》のサイズを変《か》えたりすることができる。

断熱《だんねつ》(絶縁《ぜつえん》)
熱《ねつ》や電気《でんき》の通《とお》り道《みち》をふさぐこと。プラスチック、ガラス、セラミック、ゴムは、熱《ねつ》を伝《つた》えにくく、電気《でんき》を通《とお》さない。

貯水槽《ちょすいそう》・貯水池《ちょすいち》
水《みず》を貯《た》めるのに使《つか》われる、自然《しぜん》または人工《じんこう》の池《いけ》や湖《みずうみ》、地下《ちか》のほら穴《あな》など。

沈殿槽《ちんでんそう》
よごれた水《みず》はよどんでのこるため、汚泥《おでい》のかたまりを底《そこ》にためるようにするタンク。

抵抗《ていこう》
逆《ぎゃく》向《む》きに受《う》ける力《ちから》。

電気《でんき》
導線《どうせん》を伝《つた》わって運《はこ》ばれるエネルギーのひとつの形《かたち》。

電子《でんし》
マイナスの電気《でんき》を帯《お》びたごく小《ちい》さな粒子《りゅうし》。電《でん》子《し》がつながり合《あ》って電流《でんりゅう》をつくる。すべての原子《げんし》は電子《でんし》をもつ。

電磁石《でんじしゃく》・電磁力《でんじりょく》
電気《でんき》によってはたらく磁石《じしゃく》・磁力《じりょく》。つねに磁《じ》力《りょく》をもつ永久《えいきゅう》磁石《じしゃく》とちがって、電気《でんき》が流《なが》れるときだけ力《ちから》が発生《はっせい》する。

電池《でんち》(バッテリー)
電気《でんき》を化学的《かがくてき》なエネルギーに変《か》えて蓄《たくわ》えるもの。

電波《でんぱ》
見《み》えないエネルギーの波動《はどう》で、テレビやラジオの信号《しんごう》を空中《くうちゅう》に飛《と》ばしたりする。

電流《でんりゅう》
電子《でんし》という動《うご》く粒子《りゅうし》の流《なが》れ。エネルギーは電《でん》流《りゅう》によって、遠《とお》くまで一瞬《いっしゅん》で運《はこ》ばれる。

ノズル
じょうごの形《かたち》をした口《くち》で、外《そと》に向《む》かってせばまり、パイプやチューブの端《はし》に取《と》りつける。液体《えきたい》や気体《きたい》は、このノズルを通《とお》ると速度《そくど》を増《ま》し、出《で》ると広《ひろ》がったり膨張《ぼうちょう》したりする。

パイオニア探査機《たんさき》
アメリカの探査機《たんさき》シリーズで、太陽《たいよう》、木星《もくせい》、土星《どせい》、金星《きんせい》を観測《かんそく》するために打《う》ち上《あ》げられた。パイオニア10号《ごう》は現在《げんざい》、地球《ちきゅう》から120億《おく》キロメートル以上《いじょう》離《はな》れたところにいる。

バクテリア(細菌《さいきん》)
ごく小《ちい》さい生《い》き物《もの》。いろいろと役《やく》に立《た》つはたらきをする「善玉《ぜんだま》」菌《きん》もいれば、病原菌《びょうげんきん》など人《ひと》に害《がい》を与《あた》えるものもいる。

歯車《はぐるま》(ギヤ)
歯《は》のついた輪《わ》で動力《どうりょく》を伝《つた》える装置《そうち》。たがいにかみ合《あ》わせた歯《は》によって歯車《はぐるま》を回《まわ》し、動《うご》く速《はや》さや力《ちから》の大《おお》きさ、方向《ほうこう》などを変《か》えるために使《つか》われる。

発酵《はっこう》
酵母菌《こうぼきん》（イースト）のはたらきで糖《とう》がアルコールと二酸化炭素《にさんかたんそ》に分《わ》かれること。

発電機《はつでんき》
強力《きょうりょく》な磁力《じりょく》（磁石《じしゃく》）の極《きょく》と極《きょく》のあいだの銅《どう》線《せん》コイルを回《まわ》して、電流《でんりゅう》をつくりだす機械《きかい》。

ヒューズ
電気《でんき》が流《なが》れすぎたときに電流《でんりゅう》を止《と》める安全装《あんぜんそう》置《ち》。

フリクション(まさつ)
物《もの》の動《うご》く速《はや》さを遅《おそ》くする力《ちから》。オイルやベアリングのはたらきで、まさつを減《へ》らすことはできるが、ゼロにするのはむずかしい。

フロック(綿状沈殿物《めんじょうちんでんぶつ》)
水《みず》を洗浄《せんじょう》したときにのこる、どろのかたまり。

分子《ぶんし》
水《みず》のように2つ以上《いじょう》の原子《げんし》が結合《けつごう》してできる化学的《かがくてき》な単位《たんい》。

ベアリング(軸受《じくうけ》)
重心《じゅうしん》のかたよった機械《きかい》の部品《ぶひん》。2つの動《うご》く面《めん》のあいだで回《まわ》り、面《めん》と面《めん》をたがいにすべりやすくする。

ヘドロ
下水《げすい》や汚水《おすい》からできるどろ。

弁《べん》
一方向《いちほうこう》だけに流《なが》れるよう、逆流《ぎゃくりゅう》しないように細工《さいく》したしかけ。液体《えきたい》や気体《きたい》をくみ出《だ》す機械《きかい》でよく使《つか》われる。

変圧器《へんあつき》
電流《でんりゅう》を強《つよ》めたり弱《よわ》めたりする装置《そうち》。

放射《ほうしゃ》(線《せん》)
ある物質《ぶっしつ》からエネルギーが出《で》て広《ひろ》がること。光線《こうせん》や電磁波《でんじは》は放射線《ほうしゃせん》の一種《いっしゅ》。

放射性《ほうしゃせい》
放射線《ほうしゃせん》を出《だ》すこと。物質《ぶっしつ》の種類《しゅるい》によっては、生《い》き物《もの》に害《がい》を与《あた》える放射線《ほうしゃせん》を出《だ》すので危険《きけん》である。

マイク
声《こえ》など音《おと》の振動《しんどう》を受《う》けとめて電気信号《でんきしんごう》に変《か》える装置《そうち》。

マイクロ波《は》
エネルギーのごく小《ちい》さな波動《はどう》。電話回線《でんわかいせん》を人《じん》工衛星《こうえいせい》の中継《なかつ》ぎによって通《つう》じさせたり、電子《でんし》レンジなどに用《もち》いられ食品《しょくひん》をあたためたりする。

マイクロプロセッサー(超小型処理装置《ちょうこがたしょりそうち》)
演算《えんざん》を行《おこな》う電子機器《でんしきき》。コンピューターや計算《けいさん》機《き》には必《かなら》ず組《く》みこまれている。

郵便番号《ゆうびんばんごう》
郵便物《ゆうびんぶつ》をコンピューターで仕分《しわ》けする際《さい》に使《つか》われる、地域《ちいき》ごとの番号《ばんごう》。

揚力《ようりょく》
航空機《こうくうき》を空中《くうちゅう》に浮《う》かせる上向《うわむ》きの力《ちから》。翼《つばさ》の上《うえ》と下《した》の気圧《きあつ》のちがいによって生《う》まれる。

リサイクル
捨《す》てられたごみを新《あたら》しいものをつくるために再利用《さいりよう》すること。

ろ床槽《しょうそう》
バクテリア（細菌《さいきん》）のついた砂利《じゃり》を重《かさ》ねて層《そう》にしてあり、よごれた水《みず》はそこをしみ通《とお》るときれいになる。

さくいん

ア行

アトラスロケット　67
アプリ　50, 51, 53, 54, 55, 78
アンテナ　7, 65, 70, 71
イオン　49, 78
位置情報検索　55
移動体通信網（セルラー通信網）　52, 78
インターネット　50, 51, 52, 53, 54, 55, 60
インターネットサービス・プロバイダー　52
ウェブサイト　52
宇宙飛行士　67
衛星放送パラボラアンテナ　7, 71
エンジン（車）32, 72, 73
エンジン（ジェット機）　75
エンジン（潜水艇）77
エンジン（ロケット）66, 67, 68, 69
オペレーティングシステム（OS）　50, 78
音楽のアプリ　53, 54
音声コマンド　51

カ行

カーナビ　68, 71
核燃料　8, 78
ガス　7, 8, 10-11
カメラ（スマホ）　51, 53
カメラ（潜水艇）　76
カメラ（テレビ）　64
気圧　40, 62, 74, 78
気象観測気球　62
気象観測所　62, 63
CAD（キャド）　60
吸引（力）　40, 41, 44, 78
極軌道　68
菌　13, 26, 39, 78, 79
グローバル通信衛星（GTS）　63
携帯電話　50-51, 52, 78
携帯電話ネットワーク　54
ゲーム（タブレット/スマホ）　50, 53, 55,
下水　7, 14-15, 78, 79
煙感知器　48-49
原子力　8
高軌道　68
航空便（エアメール）　23
抗力　74, 78
小型ロケットエンジン　69, 70
国際宇宙ステーション（ISS）　68
ごみ　6, 11, 12, 16-17, 40, 41, 78
ごみ埋め立て用の穴　17
コンピューター　52, 53, 55, 60, 63, 78, 79
コンプレッサー　26, 27, 75, 78

サ行

サイフォン（管）　44, 45
差動装置　72
GPS衛星　68, 78
ジェット機　7, 74-75
磁界　30, 47, 58, 59, 78
磁石　8, 47, 59, 64, 78, 79
自動車　32, 55, 72-73
SIMカード　51
写真共有サービス　53
消火栓　12, 13
ショートメッセージ　53, 54
触媒コンバーター　73
磁力　58, 59, 78, 79
人工衛星　52, 62, 63, 66-67, 68, 69, 70, 71, 78, 79
推進力　66, 67, 74, 75, 78
水道　6, 12-13, 29, 45
水力発電所　8, 78
スーパーコンピューター　63
ストリーミング　54, 78
スピーカー　65, 78
スマホ（スマートフォン）　50-51, 52, 53, 54, 77, 78, 79
スラスター　77
3Dプリンター　60-61
静止軌道　68
先進通信技術衛星（ACTS）　69
潜水艇　76-77
洗濯機　9, 28-29
掃除機　40-41, 78
送信機　62, 64, 68, 71, 79
ソーラーパネル　56-57, 69, 70, 71

タ行

タービン　8, 57, 66, 75, 79
ターボファン・エンジン　75
太陽光エネルギー　56, 57
太陽光電池　71
太陽光発電所　57
太陽熱エネルギー　56
タッチスクリーン　50, 51, 79
タブレット　52, 54, 55, 78, 79
食べ物　6, 24, 25, 26, 32, 33, 34-35
地質の専門家　10
地上局　71
中軌道　68
調査　68
低軌道　66, 68
テレビ　7, 9, 53, 54, 55, 56, 57, 59, 62, 63, 64-65, 67, 68, 71, 78, 79
電気　7, 8-9, 25, 31, 32, 47, 49, 56, 57, 58, 59, 71, 73, 77, 78, 79
天気予報　62-63
電源　30, 32, 46, 47, 49, 50, 58
電子（エレクトロン）8, 57, 59, 78, 79
電磁石　30, 31, 59, 79
電子レンジ　24-25
電池　57, 58, 71, 77, 79
天然ガス　10-11
電波　7, 62, 63, 64, 65, 71, 79
電流　8-9, 32, 46, 47, 48, 49, 51, 57, 58, 59, 78, 79
電話　7, 34, 78, 79
トイレのタンク　44-45
動画　50, 51, 53, 55
トースター　30-31, 57
ドリル　10

ハ行

バーコード　22, 23
パイオニア探査機　67
ハイブリッド・バッテリー　73
バイメタル板　30, 31
バクテリア（細菌）　13, 14, 15, 78, 79
歯車（ギヤ）　33, 72, 79
歯車変速装置（ギヤボックス）　72
バッテリー　50, 58, 70, 72, 73, 77, 79
発電機　8, 79
発電所　8, 57
ハッブル宇宙望遠鏡　68
光ファイバーケーブル　52, 71
ピザ　34-39
ビタミン　35
ビデオ　53, 54
ビデオ配信サービス　55
フード・プロセッサー　32-33
分子　24, 49, 79
ヘアドライヤー　46-47
ペイロード　67, 69
ヘドロ　13, 14, 15, 78, 79
変圧器　8, 9, 58, 59, 79
放射線　49, 79
放送　64, 65
本管（水）12, 13

マ行

マイク　50, 64, 79
マイクロ波　24, 25, 70, 71, 79
マイクロプロセッサー　48, 49, 79
マグネトロン　24, 25
まさつ（フリクション）　42, 43, 79
ミシン　42-43
水の処理・ろ過　12-13
無線　52, 54
メール（Eメール）51, 52, 53
メタンガス　14, 15
モーター　25, 27, 28, 32, 41, 42, 47, 72, 73, 77

ヤ行

USBコネクター　50
郵便　18-19, 20-23
郵便区分機　22
郵便物仕分け所　21, 22, 23
揚力　74, 75, 79
呼び鈴　58-59

ラ行

ラジオ　7, 54, 64
リサイクル　16, 17, 79
冷蔵庫　26-27
冷凍室　26, 27
ロケット　66-67, 68, 69
ロケットの推進力　66